KB107614

과학을 요리한다!

먹을 수 있는 31가지
과학실험

십 대에게 추천하는 과학의 기본 원리

오지마 요시미 지음

전화윤 옮김

청어람 e))

들어가는 말

"과학은 잘 알지도 못할뿐더러 나랑은 상관없어."
"과학은 과학자들이나 하는 거지."
다들 한번쯤 과학에 대해 이런 생각해본 적 있지 않나요?

이 책을 읽는 여러분의 어린 시절에, 혹은 여러분의 아이들이 어렸을 적에 "하늘은 왜 파란색이야?", "개미는 왜 줄지어서 기어?" 하고 끝도 없이 질문을 던지던 시기가 있었으리라 생각합니다. 많은 아이들이 끊임없이 "왜?"라고 물으며 어른들을 곤란하게 만드는 시기를 거치기 마련이지요. 이렇게 어릴 때는 과학에 흥미를 보이지만 나이가 들면서 관심이 사그라드는 데는 무언가 이유가 있지 않을까요?

제가 실제로 아이들을 키우며 느낀 것은, 학교에서 배우는 과학이 실생활과 동떨어져 있다는 점입니다. 초등학교 6학년 과학 시간에 '과산화수소수에 이산화망가니즈를 넣으면 산소가 발생한다'는 과학적 사실을 배우지만 그것을 직접 실험해볼 기회는 드뭅니다. 결국에는 단순히 '외우기 위한 지식'이 되기 쉽습니다. 학교에서 과학실험을 하려면 상당한 준비가 필요하기에 교과서에 등장하는 실험을 매번 재현해볼 수 없는 현실은 물론 잘 알고 있습니다. 그러나 과산화수소수 실험까지는 힘들더라도 이를 대신할 만한 '물에 녹인 구연산에 베이킹소다를 섞으면 이산화탄소가 발생한다'는 사실을 확인하는 실험은 가정에서도 손쉽게 해볼 수 있습니다.

생각해보면 일본은 전 세계에서 유례없을 만큼 많은 사람이 이미 무언가를 '실험 중'인 국가라고 해도 과언이 아닐 것입니다. 대부분의 일반 가정에서 여러 지역의 다양한 요리를 수많은 방식으로 만드는 나라는 흔치 않기 때문이지요. 전분을 써서 걸쭉한 식감을 만드는 중화요리, 날달걀을 여러 방식으로 가열해 응고시키는 퓨전 달걀요리 등은 시작에 불과합니다. 어떤 사람들은 우동과 메밀국수 면을 직접 뽑는가 하면, 마요네즈를 만드는 사람도 있습니다.

그런데 요리와 실험은 서로 닮은 점이 많습니다. 계획을 세우고 준비를 거쳐 결과를 도출해낸다는 점이 바로 그렇습니다. 예컨대, 마요네즈는 식용유와 식초를 섞어 만듭니다. 잘 섞이지 않는 기름과 식초(수분)를 하나로 섞기 위해서 무엇을 어떻게 해야 하는지는 인터넷으로 검색만 해도 바로 알 수 있습니다. 하지만 '그렇구나' 하며 고개만 끄덕거리고 아무것도 해보지 않으면 그 지식은 금세 잊고 맙니다. 스스로 양손을 움직여 두 물질을 실제로 섞어보고 냄새를 맡고 맛을 보면서 마요네즈를 직접 만드는 체험을 해보면, 오감이 그것을 오롯이 기억하게 됩니다. 그뿐 아니라 '계면활성제에 해당하는 물질이 있으면 물과 기름을 섞을 수 있다'는 지식을 더잘 이해할 수 있게 되고 당연히 발상의 폭도 너욱 넓어지겠지요. 이를테면 '왜 세제에 계면활성제가 함유되어 있을까? 아하! 기름때를 물과 섞으려고하는구나'처럼 말이지요.

이렇게 '스스로 생각하는 힘'은 현대를 살아가는 데 있어 핵심적인 능력입니다. '모르는 건 검색하면 된다'고 말하는 시대이기 때문에 누구든 바로 찾을 수 있는 지식을 아는 것보다 '지식을 활용하는 힘'을 기르는 것이 더욱 중요합니다.

그래서 이 책에는 집에서 쉽게 도전해볼 수 있을 법한, 그리고 결과물을 직접 맛볼 수도 있는 실험들을 간추려보았습니다. 요리 레시피가 아니라 '과학실험 입문'에 해당하는 과정을 담은 내용이라서 음식 맛이 뛰어나리라는 보장은 없습니다. 그러나 특별한 도구가 필요한 과학실험과는 달리, 누구나 도전해볼 만한 실험들이기에 쉽게 따라 할 수 있을 것입니다.

책에 실린 실험을 따라 하는 동안 여러분은 과학적으로 어떤 일이 발생하는지 이해하는 한편, 이미 친숙한 요리 외에도 과자 같은 시도하기 쉽지 않은 음식들을 실패 없이 만들어볼 수 있게 될 것입니다. 마요네즈 만들기와 세제로 얼룩 지우기처럼 서로 아무 관련 없어 보이는 두 활동이 과학적으로는 '계면활성제'라는 공통분모를 가지고 있다는 등의 여러 흥미로운 사실을 깨닫게 되리라 생각합니다. 여러분이 이 책에 실린 실험에 도전해보고 눈앞에서 일어나는 과학 현상을 즐겁게 관찰할 수 있게 된다면 저자로서 그보다 더 기쁜 일은 없을 것입니다.

오지마 요시미

차례

실험을 시작하기 전에

이 책에서는 집에서 손쉽게 도전할 수 있으면서 결과물을 먹을 수도 있는 실험들을 소개하고 있습니다. 먹을 수 있다는 점에서 '가정요리'와 닮은 부분도 있지만, 아무래도 '과학실험'이기에 맛에 차이가 있겠지요. 집에서 하는 요리의 목적은 '맛있는 음식을 만드는 것'입니다. 식구들이 먹는 것이니 맛있기만 하다면 오늘 만든 음식과 내일 만들 음식의 맛이 다르더라도 그다지 큰 문제는 없을 것입니다.

반면, 과학실험은 누가, 언제, 어디에서 실시해도 같은 결과를 얻을 수 있어야 한다는 점이 중요합니다. 같은 결과를 다시 내놓을 수 있는 '재현성'이 없으면 과학실험이 될 수 없습니다. 따라서 왜 그렇게 되었는지를 검증하는 과정도 실험에서는 중요합니다. 그런데 부엌에서 하는 과학실험은 불 조절을 비롯해 재료를 섞는 과정이나 사용하는 재료를 완벽하게 통일하기가 어렵습니다. 이 책의 순서대로 실험을 해봐도 결과가 책에 나와 있는 것과 다르게 나타날 수 있습니다. 그런 경우에는 '이론상으로는 저렇게 되는 게 맞을 텐데 왜 다를까?' 하고 생각해보세요. 이는 '실험을 검증하는' 과정인 셈입니다.

집에서 요리할 때도 전에 만들었을 때는 맛있었는데 다음번에는 맛이 없을 때가 있습니다. 눈대중으로 적당히 만들거나, 재료의 상태가 다르거나 혹은 조리방법을 바꾼 것이 원인일 수 있습니다. 한편, 요리책의 레시피를 참고해 조미료와 식재료의 양을 제대로 계량해 만들면 같은 맛이 나는 경우도 많습니다. 그런 이유로 '적당히'가 아니라 수치화하는 것이 매우 중요합니다. 요리든 실험이든 과학적으로 검증하고 싶을 때는 반드시 기록해 둡시다. 특히 실험에서는 '실험 노트(185쪽 참조)'를 만들어 실험에 들어가기 전에 그날의 날짜와 예정된 재료의 무게 등을 기록합니다. 또, 내가 원하는 맛이 나도록 재료의 종류와 양을 조절하면서 반드시 메모를 남깁니다. 이때 수치가 '적당'하면 재현성을 얻을 수 없습니다.

만약 실패했다면 실패한 원인을 생각해봅시다. 달걀흰자에 거품이 일지 않았다면 볼에 기름이 살짝 묻어 있었기 때문일 수 있습니다. 아니면 노른자가 조금만 들어가도 거품은 잘 일어나지 않습니다. 원인을 알면 다음부터 실패할 확률이 줄어듭니다.

실험 시 주의할 점

- 프라이팬이나 압력솥, 전자레인지 등을 쓰는 실험에서는 화상에 주의합시다. 어린이는 반드시 보호자와 함께 실험하세요.
- 실내 온도와 사용 재료에 따라 실험이 잘 진행되지 않는 경우가 있습니다. 만약 실험이 제대로 진행되지 않는다면 그 이유를 생각해봅시다. 예상과 다른 결과가 나왔다면 실험을 더 재미있게 해볼 기회입니다. '재료가 달라서 그런가?', '온도가 달라서인가?' 등 여러 측면에서 고민해보고 다시 시도해봅시다.
- 이 책에서는 먹을 수 있는 실험을 소개하고 있습니다. 다만 요리책이 아니므로 실험에 따라서는 맛보다는 결과를 중시해 선정한 내용도 있습니다. 재료는 식용을 사용하고 위생에 신경을 씁시다.
- 준비물에는 주로 사용하는 재료와 도구를 기재했습니다. 물, 긴 젓가락, 숟가락처럼 재료를 섞거나 건지는 데 필요한 도구와 계량에 쓰는 도구 등은 생략했으니 이런 도구들은 가까이 두고 필요할 때마다 사용하기 바랍니다. 재료를 옮겨 담는 쟁반으로는 오븐 팬을 사용했습니다.

재료환산 일람(근사치)		계량기 1컵당 중량			비중
		1작은술 (5mL)	1큰술 (15mL)	1컵 (200mL)	
물	물	5g	15g	200g	1.0
기본 조미료	설탕*¹(백설탕)	3g	9g	130g	0.65
	그래뉼러당	4g	12g	180g	0.9
	소금*²(정제염)	6g	18g	240g	1.2
	소금*²(굵은소금)	5g	15g	180g	0.9
	식초	5g	15g	200g	1.0
	미림	6g	18g	230g	1.15
감미료	꿀	7g	21g	280g	1.4
	잼	7g	21g	250g	1.25
	우스터소스	6g	18g	240g	1.2
유지 및 유제품	오일	4g	12g	180g	0.9
	버터	4g	12g	180g	0.9
	마요네즈	4g	12g	190g	0.95
	우유	5g	15g	210g	1.05
	생크림	5g	15g	200g	1.0
가루류	밀가루(박력분)	3g	9g	110g	0.55
	밀가루(강력분)	3g	9g	110g	0.55
	녹말	3g	9g	130g	0.65
	옥수수전분	2g	6g	100g	0.5
	베이킹파우더	4g	12g	150g	0.75
	베이킹소다	4g	12g	190g	0.95
	구연산	3g	9g	—	—
	카레가루	2g	6g	—	—
	가루젤라틴	3g	9g	—	—
	한천가루	1g	3g	—	—
	아가분말	2g	6g	—	—

*용량에 따라 용량당 중량이 다른 식품이 있습니다. 제품 차이가 큰 것과 가정에서 소량만 사용하는 경우는
 1컵당 용량 등은 게재하지 않았습니다.
*1 이 책에서 재료로 '설탕'이라고 표기한 것은 백설탕을 사용했습니다.
*2 이 책에서 아이스크림(58쪽 참조)에는 정제염, 그밖에는 굵은소금을 사용했습니다.

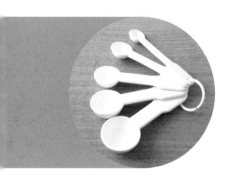

있으면 편리한 도구 ①

계량스푼

실험에서는 '무게'를 기준으로 삼는 경우가 많지만,
소량만 사용하는 재료는 부피로 환산해도 계량이
정확하고 간편해 자주 사용합니다.

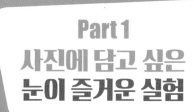

Part 1
사진에 담고 싶은
눈이 즐거운 실험

쇳덩어리를 물에 넣으면 가라앉지만 나뭇조각은 물 위에 뜹니다. 그러면 쇳덩어리를 수은에 넣으면 어떻게 될까요? 쇠가 둥실둥실 뜹니다. 수은에도 가라앉는 물질은 '금'입니다. 같은 크기의 쇠와 금이 있다면 금이 두 배나 더 무겁지요.

금의 무게와 비중에 대해선 모두가 알 법한 유명한 이야기가 있습니다.

고대 그리스의 왕이 세공 장인들에게 금덩어리를 주고 왕관을 만들게 했습니다. 그러나 왕은 장인들이 자기에게 받은 금을 다 사용하지 않고 다른 금속을 섞어서 무게만 맞춘 다음 겉에만 금으로 장식하는 방식으로 금을 훔친다는 소문을 듣고 걱정이 되었습니다. 이에 왕은 아르키메데스에게 "완성된 왕관을 부수지 않고 순금인지 아닌지 확인할 방법을 찾아내라"고 명령했습니다. 그 유명한 "유레카(알았다)!"라는 말은 아르키메데스가 욕조 밖으로 넘친 물을 보고 해결책이 떠올라 외친 한마디입니다.

아르키메데스는 무엇을 알아낸 것일까요? 이 질문의 답은 금이 매우 무겁다는 사실과 관계가 있습니다. 같은 무게라면 다른 금속, 예컨대 철·은·납 등은 금보다 크기가 커야만 합니다. 이 사실에 착안한 그는 우선 왕관과 같은 무게의 순금을 준비해 물로 가득 채운 수조에 넣었습니다. 그러면 순금의 크기만큼 물이 넘치겠지요. 이제 순금을 꺼내고 그다음 왕관을 수조에 넣습니다. 왕관이 순금으로만 되어 있다면 크기가 같으므로 물은 더 넘치지 않아야 합니다. 하지만 다른 물질이 섞여 있으면 순금보다 크기 때문에 물이 넘칩니다. 그는 이런 방법으로 왕관이 순금인지 아닌지 확인할 수 있었습니다.

물에 넣어서 그 물질이 무엇인지 알 수 있다니 재미있어 보이지 않나요? 이제 '비중'을 이용해 맛있는 토마토와 맛없는 토마토를 구분해봅시다.

토마토를 구별하는 방법

준비물 --

주재료: 방울토마토(10개 정도), 설탕(약 2큰술)

주도구: 투명 용기(용량 500mL 이상, 높이가 긴 용기 권장)

순 서 --

1. 투명한 용기에 물을 500mL 넣는다.

2. 방울토마토의 꼭지를 따서 **1** 안에 넣는다〈**a**〉. 떠오른 토마토가 있으면 건진다.

3. **2**에 설탕을 1큰술 넣어 잘 섞는다. 떠오른 토마토를 건지고 **2**에서 꺼낸 토마토와 따로 놓는다.

4. **3**에 설탕 1큰술을 더 넣고 잘 섞는다. 떠오른 토마토를 건지고 다른 토마토와 따로 놓는다.

5. 물만 있을 때 떠오른 **2**의 토마토, 설탕 1큰술로 떠오른 **3**의 토마토, 설탕 2큰술로 떠오른 **4**의 토마토로 구분 지어본다〈**b**〉. 어느 토마토가 제일 단맛이 나는지 먹어보며 비교한다.

❖ 각 단계마다 잠시 동안 그대로 두었다가 토마토가 하나도 떠오르지 않았을 경우 설탕을 조금씩 추가해봅시다.

물 위에 무엇이 뜨고 무엇이 가라앉는지는 비중에 따라 결정됩니다. 비중이란 쉽게 말하자면 '같은 부피의 물과 비교했을 때 얼마나 무거운가'를 나타내는 것입니다. 물의 비중은 1.0입니다. 비중이 1.0보다 큰 것은 물에 가라앉고 1.0보다 작은 것은 물에 뜨지요. 쇠의 비중은 7.9이므로 물에 가라앉고 나뭇조각의 비중은 0.4~0.6이므로 물에 뜹니다.

물이 아닌 액체에 띄울 때도 그 물체의 비중이 액체의 비중보다 크면 가라앉고, 작으면 뜨겠지요. 수은의 비중은 13.5이므로 쇠는 수은에 넣으면 뜹니다. 금의 비중은 19.3이므로 수은에 넣으면 가라앉습니다.

토마토와 과일이 단 것은 자당, 과당, 포도당 등 단맛을 가진 성분이 많이 함유되어 있기 때문입니다. 단 성분이 많은 토마토일수록 비중은 커집니다.

설탕물은 설탕이 녹아 있으니 물보다 비중이 커지겠지요. 맹물에서는 가라앉았는데 설탕을 넣으니 떠오른 토마토가 있었을 것입니다. 그 토마토의 비중은 물보다는 크지만 설탕물보다 작았기 때문입니다. 나중에 건진 토마토는 물에 떠오른 토마토보다 비중이 커서, 즉 안에 들어 있는 감미 성분의 양이 많기 때문에 단맛이 나는 것입니다.

토마토나 과일의 감미 성분의 양은 일반적으로 '브릭스(Brix) 당도'로 표기합니다. 100g의 수용액에 1g의 당이 녹아 있다면 당도가 1브릭스입니다. 일반적인 토마토의 당도는 4~5브릭스인 데 비해 '프루츠토마토(Fruits Tomato)'는 당도가 8브릭스가 넘는답니다! 참고로 프루츠토마토는 품종명이 아니라 '일반 토마토의 수분을 되도록 억제해 완숙시켜 당도를 높인 토마토의 총칭'이라고 하네요.

1-2
포도주스 색을 바꾸는 실험

도화지를 포도주스에 담갔다가 말리면 연한 자주색이 됩니다. 이 도화지에 물로 그림을 그리면 단순히 젖기만 할 뿐 변화가 없지만, 베이킹소다나 구연산을 녹인 물, 혹은 식초로 그림을 그리면 그린 모양대로 색이 바뀝니다. 이처럼 물로는 색의 변화가 없지만, 물처럼 투명한 베이킹소다나 구연산을 녹인 물로는 색이 변하므로 이를 아이들에게 마술처럼 보여준다면 매우 신기해할 것입니다.

도화지보다 더 간단하게 색이 변하는 마술 기법으로 포도주스 색 변화 실험을 추천합니다. 색이 변하는 것은 물론이거니와 거품도 생기다 보니 아이들의 반응이 엄청납니다. 마술을 보여주며 구사할 화법을 조금 더 궁리해본다면 어른 관객들도 함께 즐길 수 있을 것입니다.

 포도주스의 색을 변하게 하는 방법

준비물 ···

주재료: 포도주스(60mL 정도), 베이킹소다(약 1작은술), 구연산(약 1/2작은술)

주도구: 유리컵(작은 것 3개)

순 서 ···

1. 유리컵 3개에 포도주스를 2큰술씩 넣고 물을 4큰술 넣는다.

2. 1 가운데 2개에 베이킹소다를 1/2작은술씩 넣고 변화를 관찰한다.

3. 2 가운데 1개에 구연산을 1/2작은술 넣고 변화를 관찰한다.

❖ 베이킹소다와 구연산을 넣은 다음 컵 안의 내용물이 균일해지도록 섞으면 좋습니다.

포도주스는 pH 3 정도의 산성을 띱니다. 여기에 베이킹소다를 넣으면 알 칼리성이 되어 포도주스의 연한 자주색이 파란색으로 변합니다. 포도에는 '안토사이아닌'이라는 색소가 함유되어 있어 산성에서는 붉은 자주색, 중성 에서는 자주색, 알칼리성에서는 파란색으로 변하기 때문입니다(140쪽 참조).

베이킹소다를 넣자 파란색으로 변한 포도주스 컵에 다시 구연산을 넣으 면 쉬이익 하고 거품이 일면서 포도주스의 색이 붉은 자주색으로 연하게 바뀝니다. 거품이 나는 이유는 베이킹소다와 구연산이 반응해 탄산가스(이 산화탄소)가 발생하기 때문입니다. 알칼리성에서 산성으로 바뀌므로 색도 변하지요. 여기에 다시 베이킹소다를 넣으면 또다시 거품이 발생하고 색이 변화합니다.

거품이 일어난 포도주스를 혀로 살짝 맛보면 약간 짠맛이 느껴질 것입 니다. 이것은 구연산과 베이킹소다가 반응해 구연산나트륨이 만들어졌기 때문입니다.

pH 시험지(56쪽 참조)가 있다면 pH를 측정해보는 것도 좋습니다.

우리가 자주 먹는 식품의 pH(근사치)

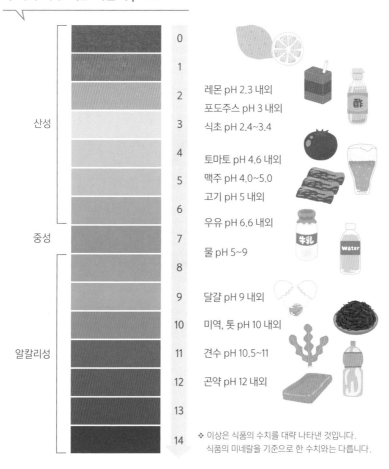

산성

중성

알칼리성

0
1
2
3
4
5
6
7
8
9
10
11
12
13
14

레몬 pH 2.3 내외
포도주스 pH 3 내외
식초 pH 2.4~3.4

토마토 pH 4.6 내외
맥주 pH 4.0~5.0
고기 pH 5 내외

우유 pH 6.6 내외

물 pH 5~9

달걀 pH 9 내외

미역, 톳 pH 10 내외

견수 pH 10.5~11

곤약 pH 12 내외

❖ 이상은 식품의 수치를 대략 나타낸 것입니다.
식품의 미네랄을 기준으로 한 수치와는 다릅니다.

시판되는 포도주스는 미국의 대표 포도 품종인 콩코드를
주로 사용해 만드는데, 일본에서는 거봉으로도 만듭니다.
이 실험에서 껍질째 착즙한 보라색 포도주스를 사용해야
하는 이유는, 붉은 기가 도는 자주색 껍질에 안토사이아
닌이 함유되어 있기 때문입니다. 흰빛을 띠는 포도주스로
대체해서 사용할 수 없습니다.

▎칼럼▎레드와인과 화이트와인의 차이

　와인은 포도를 발효시켜 만듭니다. 포도에 효모를 첨가하면 포도 속 당분이 알코올과 탄산가스로 분해됩니다(알코올 발효). 당분이 남아 있는 상태에서 발효를 멈추면 스위트와인이, 당분을 남기지 않고 발효시키면 드라이와인이 됩니다.

　레드와인과 화이트와인으로 구분하는 것은 사용하는 포도의 품종이 적포도와 청포도로 다르기 때문이기도 하지만, 껍질을 벗기느냐 그렇지 않느냐가 크게 영향을 미칩니다. 레드와인은 껍질이 그대로 있는 상태에서 발효시키는데 비해, 화이트와인은 과즙만 발효시킵니다. 포도의 껍질에 함유된 안토사이아닌의 색이 곧 레드와인의 색인데, 적포도를 가지고도 과즙만 발효시키면 흰빛을 띠는 화이트와인이 만들어집니다.

　레드와인은 알코올 발효 후 젖산균이 포도 속의 사과산을 젖산과 탄산가스로 분해하는 공정인 말로락틱 발효를 거친 후에 숙성시켜 만들어집니다. 이

22

과정에서 산미가 강한 사과산이 젖산으로 바뀌기 때문에 부드러운 신맛이 나게 됩니다.

사과산은 미생물의 먹이가 되기 쉬워 숙성 중에 사과산이 많으면 와인이 부패해버립니다. 그래서 말로락틱 발효를 통해 사과산을 제거하면 레드와인의 장기 숙성이 가능해집니다.

레드와인은 떫은맛도 납니다. 포도의 껍질과 씨에 들어 있는 탄닌 때문입니다. 장기 숙성 과정에서 탄닌은 안토사이아닌 등의 물질과 결합해 침전물로 가라앉습니다. 숙성된 와인이 떫은맛이 적은 '부드러운 풍미'를 지니는 것은 이 때문입니다.

이렇게 레드와인과 화이트와인은 겉보기 이상으로 다양한 차이가 있습니다.

고가의 와인이라고 하면 귀부와인을 빼놓을 수 없지요. 이 와인은 귀부병(Noble Rot)에 감염된 포도로 만듭니다. 완숙된 포도껍질이 보트리티스 시네레아균에 의해 발생하는 곰팡이인 귀부병에 감염되면 껍질의 왁스 성분이 녹아 과실 안의 수분이 증발되어 건포도처럼 변합니다. 그 결과 당도가 매우 높아지고 독특한 향미를 품게 됩니다. 그런데 포도가 완숙되기 전에 귀부균을 투입하면 포도는 잿빛 곰팡이병에 걸려 부패합니다. 귀부와인의 가격이 매우 비싼 이유는 이렇듯 귀부와인을 만드는 작업이 매우 어렵기 때문이라고 하네요.

다이아몬드는 탄소의 결정, 루비와 사파이어는 산화알루미늄의 결정입니다. 작은 물질이 기나긴 시간 동안 서서히 커다란 결정으로 변한 것이 원석입니다. 그 눈부심과 단단함은 작은 물질 단위가 단단히 결합하고 배열됨으로써 태어난 것입니다.

아름답게 반짝이는 이 사진은 설탕의 결정입니다. 록캔디 또는 슈거 스틱 등으로 불리는 이 사탕은 만드는 법이 아주 간단합니다. 다만 완성되기까지 시간이 필요합니다. 방학 때 자기주도학습으로 실험해보고 싶다면 시간을 잘 고려해야 합니다.

록캔디 만들기

준비물

주재료: 설탕(250g과 약간 더), 식용 색소(원하는 색상으로 소량)

주도구: 냄비, 내열 유리(약 150mL 용량 크기의 3개 정도), 캔디용 스틱(6개), 빨래집게

식용 색소의 예. 사진은 분말 색소이지만 액체 색소
도 사용 가능합니다.

빨래집게로 캔디용 스틱을 고정시키고 도구의 위치
(아래 순서 5 참조)를 파악해두면 순조롭게 진행할
수 있습니다.

순 서

1. 냄비에 설탕 250g을 넣고 물을 100mL 붓는다. 불을 켠 뒤 잘 섞어 설탕
   이 완전히 녹으면 불을 끈다(끓이지 않아도 된다). 식용 색소를 더해 섞는
   다(여러 색의 록캔디를 만들고 싶다면 설탕을 녹인 액체를 나누어 담고 각각에
   색소를 섞는다).

2. 내열 유리에 1을 넣고〈ⓐ〉 온도가 떨어져 투명해질 때(탁한 것이 줄어들
   때)까지 기다린다〈ⓑ〉.

3. 캔디용 스틱의 끝부분을 2의 액체에 한 번 담갔다가 꺼낸다.

4. 3의 스틱 끝부분에 설탕을 소량 묻히고〈ⓒ〉 설탕이 굳을 때까지 기다린다.

5. 4의 스틱이 2의 액체에 잠기는 동시에 유리 바닥에 닿지 않도록 빨래집

게로 고정시킨다〈**d**〉. 움직이지 않도록 주의하면서 1~2주간 둔다.

6. 꺼내어 건조시킨다〈**e**〉. 건조되면 습기를 피해 지퍼백 등에 보관한다.

❖ 스틱 끝부분에 묻힌 설탕이 녹아버렸다면 다시 설탕을 묻히고 용기의 액체에 넣습니다. 설탕
   이 묻지 않으면 실패할 가능성이 매우 크므로 주의해야 합니다.

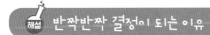

머그잔에 담긴 따끈한 커피 한 잔을 떠올려보세요. 커피의 양이 만약 200mL라면 설탕이 어느 정도 녹을 것 같나요?

티스푼으로 열 번? 너무 달 것 같지요? 하지만 더 녹일 수도 있습니다. 실제로는 머그잔 두 개 분량의 설탕을 넣어도 다 녹아서 보기보다 훨씬 무겁고 '달달한' 커피가 완성됩니다.

설탕은 찬물에도 녹지만 온도가 높을수록 더 잘 녹습니다. 20℃의 물 100mL에 녹는 설탕의 양은 203.9g이지만 60℃의 물 100mL에는 287.3g이 녹고, 100℃의 물에는 485.2g이나 녹는답니다!

온도가 높을 때 거의 모든 물질은 자유롭게 움직일 수 있지만, 온도가 낮으면 같은 물질끼리 모인 채로 굳어져 서로 달라붙습니다. 뜨거운 설탕물을 잠시 그대로 두면 온도가 떨어지면서 미처 다 녹지 못한 설탕이 다시 결정화합니다.

100℃의 물에 설탕을 최대한 녹여서 만든 설탕물은 온도가 떨어지면 서걱서걱한 설탕 덩어리가 됩니다. 다 녹지 못한 설탕이 다시 결정이 되는 것이지요. 재결정 속도가 느리면 결정이 커지고, 빠르면 결정이 작아집니다.

결정화할 때는 물질이 달라붙는 중심에 '핵'이 필요합니다. 따라서 록캔디를 만들 때 스틱에 '핵'이 되는 설탕을 묻히는 것이 필수입니다. 수분은 온도가 떨어진 다음에도 계속 증발됩니다. 수분이 계속해서 천천히 증발하기 때문에 설탕은 커다란 결정이 될 수 있습니다.

▮칼럼▮ 백설탕은 왜 굳을까?

평소 쓰던 백설탕이 어느 날 갑자기 굳어버려서 부수는 데 고생한 적 있지 않나요? 그래뉼러당은 보슬보슬한 그대로인데 말이지요. 왜 그럴까요?

그래뉼러당은 거의 100% 자당입니다. 반면 백설탕은 자당이 98%이지요. 백설탕은 자당의 작은 결정 위에 전화당이라는 시럽을 뿌린 것입니다. 그래서 촉촉합니다. 자당은 포도당과 과당이 결합한 것으로 이당류라고 불립니다. 이 자당을 가수분해해서 얻은 것이 전화당이므로 전화당에는 단당류인 포도당과 과당이 함유되어 있습니다.

이당류만으로 된 그래뉼러당과 단당류를 함유한 백설탕은 주변으로부터 수분을 빼앗는 '흡습성'이 다릅니다. 자당은 흡습성이 낮지만, 포도당과 과당은 흡습성이 높아 습도가 높은 곳에 두면 주변의 수분을 계속 빨아들입니다. 그 수분 때문에 포도당, 과당은 아주 살짝 녹습니다. 그리고 수분이 사라지면 재결정화해 굳어버리는 것입니다. 따라서 백설탕을 굳지 않게 하려면 뚜껑이 꽉 닫히는 보존 용기에 담아 주변의 수분을 빨아들이지 않도록 하는 것이 중요합니다.

또 한 가지, 그래뉼러당과 백설탕의 다른 점은 단맛입니다. 포도당도 과당도 물론 달지만 단맛이 자당과는 약간 다르지요. 자당의 단맛을 1로 한다면 과당은 1.2~1.5, 포도당은 0.6~0.7입니다. 거의 자당만으로 된 그래뉼러당보다 포도당과 과당이 아주 조금 섞인 백설탕의 단맛이 강하게 느껴지는 이유입니다.

포도당 ＋ 과당 ➡ 자당

일본 전통 과자인 화과자(和果子)는 일본의 사
계절을 담고 있습니다. 일본인들은 사계절을 대
표하는 꽃과 식물, 계절 현상 등을 본떠 만든 화과
자를 차와 함께 계절마다 각기 다른 멋과 맛으로 즐
깁니다. 이런 문화는 세계적으로도 드물다고 합니다.

여름 다도(茶道)에서 사랑받는 호박당은 보석의 한 종류인
호박과 닮아 같은 이름이 붙은 반생과자(화과자는 반죽의 수분 함량이 20%
이하는 건과자, 20~30% 이하는 반생과자, 40% 이상은 생과자로 구분함—옮긴
이)입니다. 설탕과 한천이 주원료로, 과거에는 치자나무 가루로 색을 입혀
노란색이었으나 지금은 식용 색소로 다양한 색을 입힐 수 있습니다.

'먹을 수 있는 보석'이라고도 불리는 호박당. 보기에도 매우 아름답고 필
요한 재료도 적은 데다 만드는 방법도 간단합니다. 거의 실패할 일이 없으
니 꼭 한번 도전해보세요.

호박당 만들기

준비물

주재료: 한천가루(4g), 설탕(250g), 식용 색소(원하는 색상으로 소량)
주도구: 냄비, 오븐 팬, 오븐 시트, 일회용 장갑

한천은 보통 실, 막대, 분말의 세 종류가 있는데 분말이 다루기 편합니다. 다만 덩어리지기 쉬우므로 잘 녹여야 합니다(아래 순서 1 참조).

순 서

1. 냄비에 물을 160mL 붓고 한천가루를 넣는다. 중불로 끓인다. 그대로 2분 정도 가열하다가 설탕을 넣고 잘 저은 뒤 불을 끈다.

2. 오븐 팬에 오븐 시트를 깔고 1을 붓는다.

3. 식용 색소가 분말이면 소량의 물에 녹여〈ⓐ〉, 2에 붓고〈ⓑ〉, 섞는다(색깔별로 섞어도 된다〈ⓒ〉).

4. 굳을 때까지 1시간 정도 둔다.

5. 일회용 장갑을 끼고 4의 오븐 시트를 벗긴다. 조각조각 찢는다〈ⓓ〉.

6. 1주일 정도 두고 건조시킨다. 바깥쪽이 마르면 완성〈ⓔ〉.

❖ 끈적거리므로 위생적인 일회용 장갑 사용을 권합니다.
❖ 식용 색소는 적게 넣는 편이 완성했을 때 색이 예쁩니다.

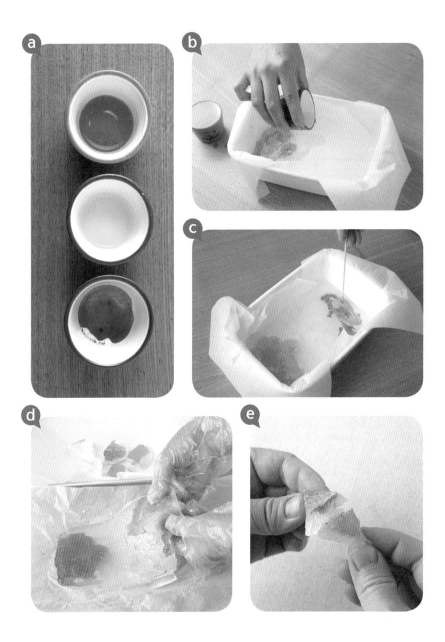

한천의 재료는 우뭇가사리, 강리와 같은 해조류입니다. 그런데 일본 최대의 한천 생산지는 바다가 없는 나가노현입니다. 왜 그럴까요? 한천은 겨울에 해조류를 삶아 틀에 넣어 굳힌 다음, 차가운 공기 중에 동결건조시켜 만듭니다. 겨울철 맑은 날씨가 계속 이어지고 밤 기온이 영하로 내려가는 나가노현이 한천 생산에 적합한 지역인 셈입니다.

한천의 주성분은 해조류의 세포와 세포 사이를 메우고 있는 '점질다당류'입니다. 이 점질다당류는 아가로스와 아가로펙틴이라는 당류의 길게 연결된 고리가 서로 얽힌 이중나선 구조로 되어 있습니다. 점질다당류는 인간의 체내에서 소화 흡수되지 않습니다. 한천이 '칼로리 제로'인 이유입니다.

점질다당류의 이중나선은 열을 가하면 녹아서 한 가닥 한 가닥 풀어집니다. 냉각하면 이 고리가 삼차원 구조로 변해 그 안에 수분 등을 머금게 됩니다.

한천은 굳는 온도가 33~45℃, 녹는 온도는 85~93℃입니다. 단백질이 아니라 다당류이므로 끓여도 변성되지 않습니다. 콜라겐은 끓이면 안 되지만 한천은 끓어오른 뒤 2분 정도 열을 더 가해 이중나선을 풀어줘야 합니다.

한천은 식품뿐만 아니라 실험재료로도 자주 쓰입니다. 균의 배양에는 '한천배지'가 쓰이고 DNA 분석에는 '한천 아가로스'가 사용됩니다. 다양한 영양분을 머금은 상태에서 굳어져 상온에서는 녹지 않는 한천. 이 한천 덕분에 분자생물학이 지금처럼 발전할 수 있을뿐더러 많은 의약품 개발도 가능했답니다.

실, 막대, 그리고 일부 한천가루의 재료로 쓰이는 우뭇가사리. 물에서 건져내어 건조시키면 붉은 보라색이 빠지고 흰색에 가깝게 변합니다.

냉각에 따른 한천의 변화(모식도)

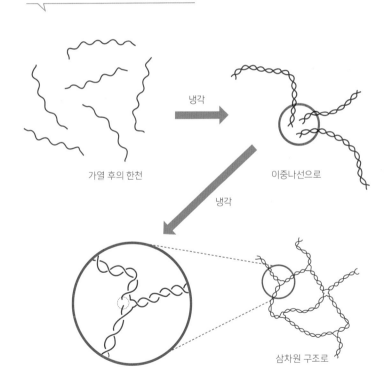

냉각

가열 후의 한천

이중나선으로

냉각

삼차원 구조로

구미젤리라는 이름은 독일어로 고무를 뜻하는 '구미(Gummi)'라는 단어
가 어원입니다. 1920년에 아이들의 씹는 능력을 향상시키고자 한스 리겔이
씹어 먹는 과자로 처음 만든 것이 하리보 사의 구미베어였다고 합니다.
　구미젤리의 원료는 젤라틴입니다. 일본에서는 '콜라겐 배합 구미젤리'처
럼 피부 건강에 관심 많은 젊은 여성들이 좋아할 법한 제품들도 판매하고
있습니다. 하지만 젤라틴은 원래 콜라겐으로 만듭니다. 구미젤리는 모두
'콜라겐 배합'인 것이지요.

내 취향대로
구미젤리를
만들어보자

콜라겐을 섭취하면 정말 피부에 좋을까요? 콜라겐은
입자가 매우 큰 단백질이라 인간은 콜라겐 자체를 소화시킬 수 없습니다.
위, 십이지장, 소장을 통과할 때 분해되어 아미노산으로 분해된 것만 소화
시킬 수 있습니다. 콜라겐을 섭취하는 것은 '단백질(아미노산)을 섭취한다'
는 점에서는 매우 좋지만 '피부에 좋다'고는 말할 수 없을 듯합니다.

내가 원하는 색과 맛의 액체 젤라틴을 가지고 맛있고 식감이 좋은 구미
젤리를 만들어 가는 과정을 관찰해봅시다.

구미젤리 만들기

준비물

주재료: 가루 젤라틴(5g), 잼(원하는 종류 2큰술), 설탕(1작은술)
주도구: 내열 용기(2개), 냄비 등 중탕 가능한 도구, 내열 틀, 전자레인지

가루 젤라틴. 살짝 노란빛이 돕니다.

순 서

1. 내열 용기에 물을 1큰술 넣고 가루 젤라틴을 섞어 젓는다.

2. 다른 내열 용기에 잼과 설탕을 넣고 잘 섞은 다음 전자레인지(600W 출력 기준)에 30초 가열한다.

3. 1의 젤라틴을 중탕해 녹이고〈ⓐ〉 2에 넣고 잘 섞는다.

4. 내열 틀에 붓고〈ⓑ〉 냉장고에서 식히며 굳힌다. 틀을 벗긴다.

❖ 잼만 써서 만들면 단맛이 부족해 구미젤리 같은 단맛이 나지 않기 때문에 설탕을 첨가했습니다. 이 실험은 잼 대신 주스로도 활용할 수 있습니다. 단맛이 부족할 것 같으면 설탕의 양을 늘려봅시다.

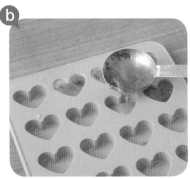

젤라틴은 동물의 뼈나 피부에 들어 있는 '콜라겐'으로 구성되어 있습니다. 콜라겐은 아미노산이 주르륵 연결된, 긴 고리 모양의 단백질 세 개가 얽혀서 밧줄 모양처럼 되어 있습니다. 이렇게 튼튼한 콜라겐은 물에 잘 녹지 않습니다.

그러나 콜라겐도 장시간 가열하면 밧줄이 녹으면서 긴 분자가 한 줄씩 풀려 물에 녹게 됩니다. 이것이 젤라틴입니다. 따로따로 풀린 분자는 서로 얽히며 그물망 구조를 형성하여 그 안에 수분을 머금게 됩니다. 액체의 온도가 높은 동안에는 각각의 분자가 서로 얽혀 있으면서도 돌아다닐 수 있지만, 온도가 떨어지면 얽힌 채로 움직이지 못하게 됩니다. 젤라틴이 들어간 액체를 식히면 굳는 것은 바로 이 때문입니다.

콜라겐이 풍부한 고기와 생선을 익힌 뒤 냉장고에 넣으면 젤리처럼 '니코고리(젤라틴이 많은 생선이나 고기 등의 국물을 졸인 다음 식혀 굳힌 일본 음식―옮긴이)'가 만들어지죠. 니코고리는 열을 가하면 녹습니다. 젤리도 뜨겁게 데우면 녹습니다. 분자가 움직일 수 있게 되기 때문이지요. 이처럼 콜라겐 분자는 굳거나 움직이거나를 되풀이할 수 있습니다.

다만 너무 오래 가열하면 분자 자체의 구조가 바뀌어 서로 얽히지 못합니다. 따라서 젤라틴 액은 끓이지 말고 사용해야 합니다.

콜라겐과 젤라틴의 변화(모식도)

콜라겐
(삼중밧줄 구조)

가열·변성

젤라틴
(한 줄로 되어 있는 단백질 고리)

냉각

젤(고체)

1-6
신기한
물방울케이크

약 3시간

후지산 아래에 자리한 한 화과자 가게에서 판매하는 '물방울떡'은 예로부터 유명한 그 지역산 물을 한천으로 굳힌 과자로, 이 지역 명물로 꼽힙니다. 미국에서는 '레인드롭 케이크'라는 이름으로, 그와 비슷하게 생긴 디저트가 인기라고 하네요. 필요한 재료가 적은 만큼 이 과자의 맛은 물에 크게 좌우됩니다.

물맛에는 미네랄 성분의 함유량이 영향을 미칩니다. 주요 미네랄 성분으로는 칼슘과 마그네슘을 꼽을 수 있습니다. 물 1,000mL에 녹아 있는 칼슘과 마그네슘의 양이 120mg이 넘으면 '센물', 120mg보다 적으면 '단물'이라고 부릅니다. 산이 많아 경사가 많은 일본의 물은 지층 침투 시간이 짧기에 단물이 대부분입니다. 한편, 유럽이나 북미 등의 지역은 석회암 지층에 물이 천천히 스며들기 때문에 센물이 많습니다.

물을 말랑말랑하게 굳혀서 만드는 이 과자를 집에서 젤라틴과 한천을 사용해 만들면 투명하게 되지 않을뿐더러 여름철엔 모양이 금세 무너지거나 너무 딱딱해집니다. 물의 질감을 느낄 수 있도록 가능하면 부드럽고도 잘 녹지 않게 만들어봅시다.

물방울케이크 만들기

준비물

주재료: 아가(agar, 젤리나 젤 타입 화장품을 만들 때 쓰이는 재료—옮긴이)분말(10g)

주도구: 냄비, 내열 틀

일본에서는 아가분말을 제과용품점, 수입식료품점, 일부 슈퍼마켓에서도 구매할 수 있습니다(한국에서는 인터넷 쇼핑몰에서 물방울떡으로 검색하면 아가분말을 구할 수 있음—옮긴이).

순 서

1. 냄비에 물을 550mL 붓고 아가분말을 섞어 잘 젓는다.

2. 약불에 올려 끓인다. 끓는 채로 1분 동안 가열한 후 불을 끈다.

3. 내열 틀에 붓고〈ⓐ〉 냉장고에서 식히며 굳힌다. 틀에서 뺀다.

❖ 실험 후 기호에 따라 콩고물이나 흑설탕 시럽을 올려도 좋습니다〈ⓑ〉.
❖ 틀은 원하는 모양의 내열 용기면 됩니다. 동그란 모양의 얼음 트레이〈ⓒ〉를 사용하면 재밌는 모양을 만들 수 있습니다〈ⓓ〉. 단, 아가분말을 녹인 액체가 얼음 트레이의 내열 온도까지 식으면 바로 틀에서 꺼내야 합니다.

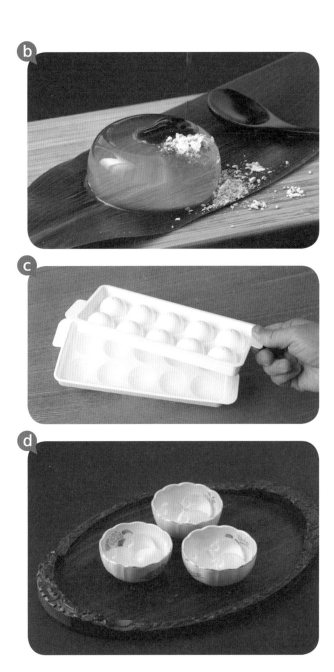

43

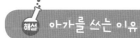

    젤라틴으로 굳힌 젤리는 따로 색을 입히는 재료를 첨가하지 않으면 노랗게 보이고, 25℃가 넘으면 녹아버립니다. 한천은 일반적인 방법으로는 70℃가 될 때까지 녹지 않지만, 설탕을 적게 넣으면 하얗게 변할뿐더러 식감이 젤리와는 달라집니다.

    그래서 젤리처럼 탄력 있고, 한천처럼 높은 실온에도 녹지 않으며, 두 재료보다 투명도가 높아 시판용 과자에 흔히 쓰이게 된 것이 바로 아가분말입니다. 한천과 마찬가지로 해조류가 주성분이지만 재료가 되는 해조류의 종류와 함유 성분이 다릅니다.

    한천은 우뭇가사리, 강리 등이 원료이며 아가로스가 들어 있어 첨가하면 굳어집니다. 아가는 진두발, 돌가사리 등이 원료이며 카라기난이 들어

젤라틴, 한천, 아가의 차이

	젤라틴
주원료	동물의 뼈와 피부
주성분	단백질
굳을 때의 상태	매우 옅은 노란색 입안에서 녹음 탄력 있음
분말을 녹이는 온도	50~60℃
액체 응고 온도	20℃ 이하
응고 후 녹는 온도	25℃

있어 넣으면 응고됩니다. 아가가 카라기난으로도 불리는 이유는 이 때문입니다. 아가로스와 카라기난은 아주 많이 닮았습니다. 가열하면 분자 수준에서 나선 구조가 풀리고 냉각하면 다시 얽혀 삼차원 구조로 굳는다(34쪽 참조)는 점에서 같습니다. 그러나 카라기난은 황산기를 많이 가지고 있어 한천과는 다른 성질을 보입니다.

카라기난(carrageenan)이라는 이름은 아일랜드의 카라겐(carragheen) 지역에서 유래되었습니다. 이 지역에서는 예로부터 해안에서 채취한 진두발(Irish moss, carragheen)로 스프를 끓였다고 합니다. 현재 아가(카라기난)의 원료가 되는 해조류의 80%는 필리핀에서 양식되고 있습니다.

시중 상점에서 상온에 보관하는 젤리는 젤라틴이 아니라 아가로 응고한 것이 대부분입니다. 아가가 구하기 쉬워져서 투명한 젤리도 이렇게 상품화하기 쉬워진 것이지요.

한천	아가
우뭇가사리, 강리 등의 해조류	진두발, 돌가사리 등의 해조류
탄수화물(식이섬유)	탄수화물(식이섬유)
백탁 입안에서 녹음 비교적 단단함	무색 투명 입안에서 녹음 탄력 있음
90℃ 이상	90℃ 이상
40~50℃	30~40℃
70℃	60℃

마시멜로는 어감도 참 귀엽지요. 이 이름은 서양아욱(Athaea officinalis)의 영문명인 'marsh mallow(늪의 아욱)'에서 따왔습니다. 원산지인 유럽과 중앙 아시아에서는 천식 등에 효과가 있다고 알려져 약용 식물로 쓰였다고 합니다.

서양아욱의 뿌리는 전분이 많고 뿌리에서 추출한 액체에는 점성이 많습니다. 이 액체에 설탕을 섞어 만들던 과자를 마시멜로라고 불렀습니다. 이 방식으로 만든 마시멜로는 지금 우리가 잘 알고 있는 마시멜로와는 매우 달랐습니다. 현재는 마시멜로를 젤라틴 등을 이용해 만드는데, 동일하게 젤라틴을 사용한 과자, 예를 들면 이전에 소개한 구미젤리와는 식감이 완전히 다릅니다.

그 이유는 공기를 가득 머금고 있도록 만들었기 때문입니다. 달걀흰자에 거품을 내서 머랭으로 만든 다음 거품이 꺼지지 않도록 젤라틴으로 굳히는 것이 잘 알려진 방법이지요. 그런데 제대로 거품을 낸 직후의 달걀흰자는 담은 용기를 기울여도 쏟아지지 않을 정도로 거품이 단단해집니다. 왜 그럴까요?

 마시멜로 만들기

준비물

주재료: 달걀흰자(1개), 젤라틴가루(10g), 설탕(100g), 레몬즙(1큰술), 옥수수전분(적당량)

주도구: 내열 용기, 내열 볼, 전동 거품기, 냄비 같은 중탕 가능한 도구, 오븐 팬, 주방용 칼, 도마 또는 작은 틀

순 서

1. 내열 용기에 물을 80mL 붓고 젤라틴가루를 넣어 녹인다〈ⓐ〉.

2. 내열 볼에 달걀흰자를 넣고 전동 거품기로 잘 거품을 낸다.

3. 2에 설탕을 절반 넣고 거품을 낸 뒤 나머지 절반을 넣고 뿔이 생길 때까지 거품을 낸다〈ⓑ〉.

4. 중탕으로 1의 젤라틴을 녹인 다음〈ⓒ〉 레몬즙을 넣고 섞는다.

5. 3을 저으면서〈ⓓ〉 4를 조금씩 넣는다.

6. 오븐 팬에 옥수수전분을 뿌리고 그 위에 5를 붓는다. 냉장고에서 식히며 굳힌다〈ⓔ〉.

7. 오븐 팬에서 뺀다〈ⓕ〉. 먹기 쉬운 크기로 자르거나 틀로 찍어낸다〈ⓖ〉.

❖ 달걀흰자에 뿔이 생긴 후에도 계속 거품을 내면 단백질과 물이 분리되어 퍼석퍼석해지므로〈ⓗ〉 주의해야 합니다.

❖ 흰자에 젤라틴을 넣으면 굳어지기 시작하므로 오븐 팬에 재빨리 부어야 합니다.

물은 아무리 저어도 거품이 생기지 않습니다. 하지만 비누를 넣으면 바로 거품이 올라오지요. 왜 그럴까요?

물의 분자는 분자끼리 달라붙는 힘이 강해서 그 안에 공기가 들어갈 수 없습니다. 그런데 비누가 섞이면 그 힘이 약화되어 그 안에 공기가 들어갈 수 있게 되는 것이지요.

흰자에는 단백질이 접힌 상태로 들어가 있습니다. 거품을 내느라 세게 휘저으면 접혀 있던 단백질이 풀립니다. 또한 흰자에는 비누와 같은 작용을 하는 성분이 있습니다. 그 때문에 흰자 속 수분이 거품을 만들어냅니다.

비누의 거품은 바로 꺼지는 데 비해 흰자의 거품은 곧바로 꺼지지 않습니다. 이것은 흰자 속 단백질이 거품의 표면을 그물망처럼 둘러싸 튼튼한 막을 만들기 때문입니다.

단백질은 아미노산이 길게 연결된 물질입니다. 아미노산 안에는 기름과 잘 달라붙는 것들이 많습니다. 따라서 기름이 있으면 단백질이 막을 만들 수 있게 되어 거품이 바로 사라져버립니다. 노른자에는 기름 성분과 같은 지질이 많으니 섞이지 않도록 주의해야겠지요. 플라스틱 재질의 그릇도 기름과 같은 작용을 합니다. 그러므로 흰자의 거품을 낼 때는 스테인리스 혹은 유리 재질의 그릇을 사용해야만 합니다.

설탕은 접혀 있는 단백질을 풀리기 어렵게 만들고 그물망이 되는 것을 방해하는 작용을 합니다. 따라서 흰자의 거품을 더 낸 다음에 설탕을 넣어야 합니다. 흰자의 거품이 생긴 뒤 설탕을 넣으면 단백질 주변을 설탕이 둘러싸 거품이 잘 꺼지지 않습니다.

요즘에는 다양한 조리법이 실린 요리책과 레시피를 정리한 사이트들 덕분에 누구나 편리하게 요리를 즐길 수 있게 되었습니다.

그런데 일본의 에도시대에도 요리책이 있었습니다. 1795년에 간행된 가와라도(瓦土堂) 주인이 쓴『만보요리비밀상자万宝料理秘密箱』라는 책에는 갯장어, 어묵, 새우 등을 이용한 요리법이 실려 있고, 특히 '난류의 부(卵の部)'에는 103종의 달걀요리가 소개되어 있다고 합니다.

여기에는 '겉이 노란 삶은 달걀'의 요리법도 등장합니다. 새 달걀에 구멍을 살짝 뚫어 겨된장에 박아 놓은 뒤 씻어서 삶으면 "안쪽의 노른자가 / 겉이 되고 / 흰자가 / 안으로 들어간다"고 쓰여 있으나 실제로 재현하기는 어려운 모양입니다. 그도 그럴 것이, 이 방법으로는 노른자가 겉면으로 나오는 이치를 도무지 알 수 없습니다. 따라서 우리는 원심력을 이용해 과학적으로 겉이 노란 삶은 달걀을 만들어봅시다.

겉이 노란 삶은 달걀 만들기

준비물

주재료: 달걀(1개), 소금(1큰술)

주도구: 손전등, 스타킹, 비닐봉지, 빵끈(1~2개), 냄비, 긴 젓가락

순 서

1. 씻은 달걀의 아랫부분에 손전등으로 빛을 쏘인다. 밝기와 빛의 진행 방향을 확인한다⟨ⓐ⟩.

2. 스타킹의 윗부분을 잘라 긴 자루 모양으로 만든다(양쪽 발 부분을 활용한다). 한가운데를 세게 묶거나 빵끈으로 단단히 고정시킨다.

3. 달걀을 비닐봉지에 넣는다.

4. 2에 3을 넣는다.

5. 달걀이 세로 방향으로(스타킹에 수직 방향으로) 고정되도록 빵끈으로 묶는다⟨ⓑ⟩.

6. 양쪽 끝을 양손으로 단단히 잡고 돌린다.

7. 달걀을 꺼내 손전등으로 빛을 쏘여 보고 어둡게 되었는지 확인한다⟨ⓒ⟩. 어둡게 변하지 않았으면 다시 한 번 고정시킨 뒤 손으로 돌린다. 달걀을 꺼낸다.

8. 냄비에 달걀이 완전히 잠길 만큼의 물을 부은 뒤 소금을 넣고 불에 올린다. 물이 끓어오르면 7의 달걀을 넣고 긴 젓가락 등으로 굴리면서 삶는다⟨ⓓ⟩. 불을 끄고 차가운 물에 담근다.

❖ 삶을 때 넣는 소금은 껍질이 깨져버렸을 때 안의 달걀이 잘 굳고 밖으로 새어 나오지 않도록 하는 역할을 합니다.

53

흰자에는 물 같은 '수양난백'과 점도가 높아 끈적한 '농후난백'이 있습니다. 농후난백은 주머니 모양으로 되어 있고 그 바깥쪽에 외(外)수양난백, 안쪽에 내(內)수양난백이 있습니다. 달걀을 깨뜨렸을 때 봉긋하게 솟아 있는 부분이 바로 농후난백입니다. 달걀이 오래되면 수양난백에서 농후난백으로 수분이 이동해 점도가 낮아집니다. 그래서 오래된 달걀은 흰자 부분이 평평해집니다.

달걀은 세게 흔들면 노른자를 감싸고 있는 노른자막이 터집니다. 계속해서 흔들면 노른자와 수양난백이 섞이지만 점도가 높은 농후난백과는 섞이지 않습니다.

실험에서는 빙글빙글 돌리며 빠른 속도로 회전시키기 때문에 달걀에 원심력이 작용하게 됩니다. '노른자+수양난백' 쪽이 농후난백보다 무거우므로 노른자+수양난백이 바깥으로 오고 농후난백이 안쪽으로 들어갑니다.

이 상태 그대로 삶아 응고시키는데, 농후난백 부분이 움직이기 쉬워서 가열하자마자 얼마간은 달걀을 굴리는 것이 좋습니다. 달걀의 중심축을 따라 굴리는 것이 포인트입니다.

다만 이론상으로는 농후난백이 안쪽으로 들어가야 맞지만, 실제로는 잘 되지 않아 달걀 전체가 균일한 색이 되는 경우도 있습니다. 달걀을 붙잡고 돌리는 동안 껍질에 살짝 금이 가서 삶을 때 깨지는 경우도 있을 수 있고요.

보통 달걀을 삶을 때 껍질이 깨지면 흰색이 새어 나오기 마련이지만 실험처럼 해보면 노란색이 나옵니다. 노른자와 흰자가 전부 혹은 일부 섞여 있기 때문에 삶은 달걀이라기보다는 달걀부침 혹은 스크램블드에그와 비슷한 맛이 납니다.

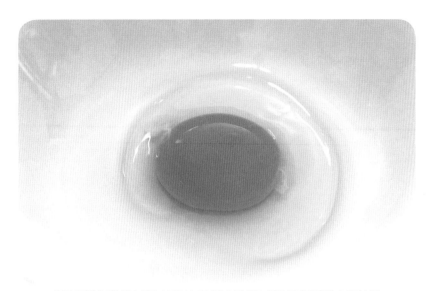

신선한 달걀을 깨보면 노른자, 봉긋한 농후난백, 넓게 퍼진 수양난백을 확인할 수 있습니다.

달걀의 구조(모식도)

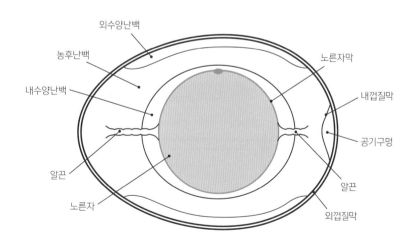

외수양난백

농후난백

내수양난백

노른자막

내껍질막

공기구멍

알끈

알끈

노른자

외껍질막

있으면 편리한 도구 ②

pH 시험지

pH 시험지가 있으면 실험 중 만든 용액을 섞어 산성,
알칼리성 정도를 쉽게 알아볼 수 있어 편리합니다.
사진은 롤 타입 제품(저자는 1,000엔 정도 가격에
구매했는데, 한국에서도 비슷한 가격대인 1만 원
가량에 구입할 수 있음—옮긴이).

Part 2
볼수록 신기하고 짜릿한
놀라운 실험

2-1
1분 만에 만드는 부드러운 아이스크림

집에서 수제 아이스크림을 만들 때 일반 가정집 냉동고에서 굳히려면 몇 시간은 걸립니다. 입안에 넣으면 서걱거리는 느낌이 나기도 합니다. 냉동실에 넣으면 천천히 식기 때문에 얼음 결정이 커집니다. 반대로 단시간에 얼리면 얼음 결정은 작아지지요.

부드러운 아이스크림을 만들려면 단시간에 굳혀야 합니다. 하지만 냉동고의 온도를 낮추기는 어렵습니다. 그런데 얼음과 소금, 티셔츠를 이용하면 아이스크림을 1분 만에 굳어지게 만들 수 있답니다!

우유가 들어간 아이스크림 대신 셔벗을 먹고 싶을 때는 주스에 설탕을 넣고 이 방법으로 굳히면 됩니다. 내가 좋아하는 맛으로 쉽게 만들 수 있지요. '찬 것이 당기는데' 싶으면 바로 만들어 먹을 수 있다는 점이 의외의 기쁨을 준답니다.

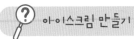 아이스크림 만들기

준비물

주재료: 우유(100mL), 설탕(10g), 바닐라에센스(2~3방울)

주도구: 볼, 지퍼백(큰 것과 작은 것 각각 1장씩), 얼음(잘게 부순 것 2컵 정도),
소금(4큰술), 성인용 티셔츠

순 서

1. 볼에 우유, 설탕, 바닐라에센스를 넣고 설탕이 녹을 때까지 섞는다.

2. 1을 지퍼백(작은 것)에 넣고 공기가 들어가지 않도록 입구를 닫는다〈ⓐ〉.

3. 지퍼백(큰 것)에 얼음과 소금을 넣고〈ⓑ~ⓒ〉 잘 섞는다.

4. 3 안에 2를 넣고〈ⓓ〉 공기가 들어가지 않도록 입구를 봉한다.

5. 티셔츠 안에 4를 넣는다.

6. 옷단과 소매, 목 부분을 꽉 잡고 1분 동안 빙글빙글 돌린다〈ⓔ~ⓖ〉.

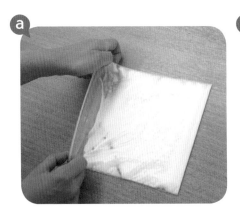

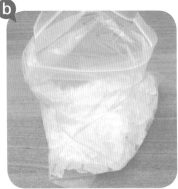

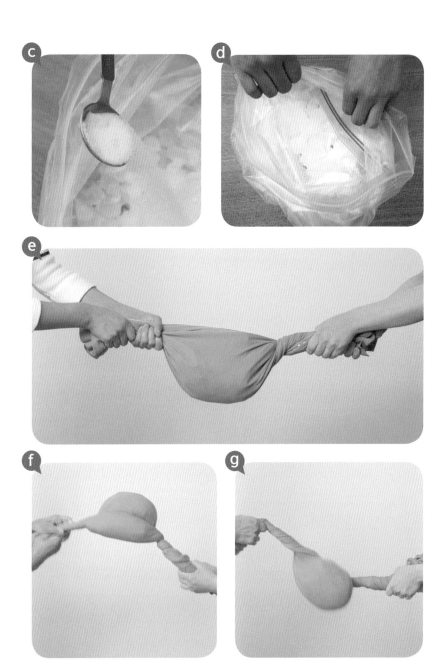

물은 온도에 따라 고체, 액체, 기체로 상태가 변합니다. 물뿐만 아니라 철이나 금과 같은 금속도 3,000℃에서는 기체가 되고 산소와 질소 등은 −250℃에서 고체가 됩니다.

　물은 0℃에서 고체(얼음)가 되고 100℃에서 기체(수증기)가 되지요. 이때 물 분자 안에서는 어떤 일이 벌어지고 있는 걸까요? 물 분자에는 분자가 활동하는 힘과, 분자끼리 서로 달라붙는(분자간 힘) 두 가지 힘이 작용하고 있습니다. 온도가 낮아지면 활동하는 힘보다 서로 붙는 힘이 세져서 액체, 그리고 고체로 점차 바뀝니다. 반대로 온도가 높아지면 분자가 활동하는 힘이 세지기 때문에 분자끼리 서로 붙어 있을 수 없게 되어 이리저리로 튀어 나가는 기체(수증기)가 되는 것이지요.

　원래대로라면 물은 0℃에서 고체가 되지만 소금 등의 방해물이 있으면 분자끼리 붙을 수 없어서 0℃에서도 얼지 않습니다. 방해물이 있으면 분자가 튀어 나가기 어려워지기 때문에 소금물은 100℃에서도 끓지 않습니다.

　냉동실에서 꺼낸 얼음의 표면은 살짝 녹아 '빙수' 상태가 됩니다. 이 빙수의 온도는 0℃입니다. '얼음은 녹을 때 주변의 온도를 빼앗기 때문에 온도가 0℃보다도 낮아져서 다시 어는' 현상이 일어납니다. 하지만 가까이에 소금이 있으면 0℃보다 온도가 낮아져도 얼 수가 없습니다. 얼음은 점점 녹으면서 온도도 점점 떨어집니다. 소금을 넣은 얼음은 잘 녹고 온도도 낮아지는 것이지요. 이처럼 고체가 되는 온도가 낮아지는 현상을 '응고점 내림'이라고 부릅니다.

물과 얼음의 구조(모식도)

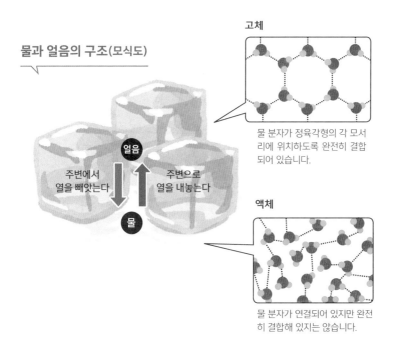

고체

물 분자가 정육각형의 각 모서리에 위치하도록 완전히 결합되어 있습니다.

액체

물 분자가 연결되어 있지만 완전히 결합해 있지는 않습니다.

얼음

주변에서 열을 빼앗는다

주변으로 열을 내놓는다

물

물에 소금을 첨가해 온도를 낮춘 경우(모식도)

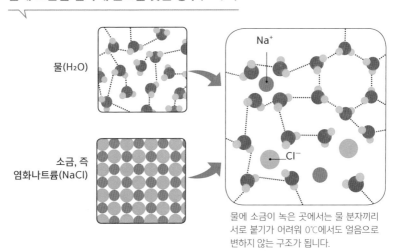

물(H₂O)

소금, 즉 염화나트륨(NaCl)

Na⁺

Cl⁻

물에 소금이 녹은 곳에서는 물 분자끼리 서로 붙기가 어려워 0℃에서도 얼음으로 변하지 않는 구조가 됩니다.

온도가 높은 것은 온도가 낮은 것보다 열에너지가 크고, 온도가 높은 것과 낮은 것이 부딪치면 열에너지가 같아지려고 이동하므로 온도가 똑같아집니다(열전도). 겨울철 욕조에 몸을 담그고 있을 때 몸이 따뜻해지고 욕조의 물이 미지근해지는 것은 따뜻한 물 분자의 열에너지가 몸으로 이동했기 때문입니다. 그런데 우리는 90℃의 물에는 들어갈 수 없지만 90℃의 사우나에는 들어갈 수 있습니다. 왜 그럴까요?

액체 상태의 물이 기체인 수증기가 되면 부피가 약 1,700배 늘어납니다. 물 분자는 액체와 고체 상태에서는 찰싹 달라붙어 있어 움직임이 적은 편이지만 기체 상태에서는 활발히 움직입니다. 액체 상태의 물이 데워져 있는 욕조와 달리 사우나에서는 기체인 수증기가 온도를 뜨겁게 올려놓습니다. 이때는 같은 온도라도 몸에 닿는 물 분자의 수가 매우 다릅니다. 물 분자와 몸 사이의 열 이동이 사우나에서는 활발히 일어나지 않기 때문에 고온에서도 사우나를 즐길 수 있는 것입니다.

액체인 '아이스크림의 재료'가 어는 이유도 이와 같습니다. 주변의 차가운 분자와 부딪쳐 열에너지가 이동하기 때문입니다. 냉장실은 '차가운 기체'로 물질을 얼립니다. '소금+얼음'은 '차가운 액체'이지요. 같은 온도라도 열전도율은 기체와 액체 사이에 큰 차이가 있어 '소금+얼음'을 넣으면 빠르게 업니다. 냉동실에서 빨리 얼리는 비법 도구로 스테인리스 트레이를 쓰는 것이 좋다고 말하는 이유는 열의 이동이 일어나기 쉽기 때문이고요.

수증기 상태일 때의 물 분자(모식도)

맥주를 냉장고에 넣는 걸 깜빡했을 때 🕐 5분 이내

피곤에 지쳐 집에 돌아와 '차가운 맥주 한잔해야지!'라고 생각했는데 맥주를 냉장고에 차갑게 식혀두는 걸 깜빡했을 때……. 그런 비극에서 구제해주는 것도 응고점 내림과 열전도입니다. 트레이에 얼음을 바닥에 깔아놓듯이 꽉 채워 넣고 그 위에 소금을 넉넉하게 뿌립니다. 그 위에 맥주캔을 놓고 1분 정도 둥글리면 제대로 시원한 맥주가 됩니다.

둥글리지 않고 얼음과 소금 위에 그대로 두면 일부분만 얼어버립니다. 그 일부분은 얼기 쉬운 '수분'입니다. 그 결과 맥주에 들어 있는 여러 가지 성분이 농축되어 앙금처럼 가라앉습니다. 한 번 가라앉으면 녹아도 원래대로 돌아가지 않습니다. 맛의 균형이 깨져 맛없는 맥주가 되어버리고 맙니다.

순식간에 어는 프로즌드링크 🕐 약 반나절

2016년 여름, 일본에서는 영하 4℃로 냉각하는 특별한 냉동고에서 얼린 탄산음료가 편의점에서 판매되어 화제가 된 적이 있었습니다. 이 탄산음료의 대단한 점은 순식간에 어는 프로즌드링크라는 사실이었습니다.

집에서도 순식간에 어는 프로즌드링크를 만들 수 있습니다. 순서는 간단합니다. 페트병에 들어 있는 탄산음료를 냉동고에 넣고 서너 시간 지난 뒤 꺼내어 컵에 부으면 끝입니다.

장시간 얼리면 페트병이 파열되므로 조심해야 합니다. 반대로 시간이 너무 짧으면 제대로 얼지 않아 실패할 확률이 높아집니다. 도전한다는 기분으로 실험해보면 어떨까요?

물은 0℃에서 얼지만 설탕 등이 녹아 있는 청량음료는 0℃에서 얼지 않습니다. 냉동실에 넣어 전체가 영하 4℃ 정도 되었을 때 자극을 주면 청량음료의 수분이 업니다. 설탕 등의 성분으로 인해 진한 수용액이 되어 있으면 얼지 않습니다.

자극을 받게 되면 한순간에 얼어버리는 이유는 '과냉각'이 일어났기 때문입니다. 열에너지를 빼앗긴 물 분자는 결정화하여 얼음이 됩니다. 결정화하려면 무언가 '계기'가 있어야 합니다. 과냉각이란 '원래 결정화되어 있어야 할 온도까지 떨어진 분자가 계기가 없어 결정화되지 못하고 있는 상태'를 말합니다. 페트병을 흔들거나 작은 얼음을 넣거나 하면 그것이 계기가 되어 한순간에 얼어버리는 것이지요.

냉동실에서 천천히 얼린 탄산음료 안의 물은 과냉각 상태입니다. 따라서 마개를 열거나 컵에 따르는 자극을 주면 한순간 얼어버립니다.

이 실험이 실패하기 쉬운 이유는 가정의 냉동실에서 영하 4℃를 맞추기가 어렵기 때문입니다. 탄산음료가 아닌 음료로 한순간에 얼리는 실험도 가능하지만 얼음이 딱딱해져서 바로 마실 수는 없습니다.

마개를 열었을 때 또는 컵에 따랐을 때 순식간에 셔벗 상태가 되면 성공입니다.

약 하루

'라무네(ramune, 사이다와 비슷한 일본 청량음료의 한 종류—옮긴이)'는 원래 레모네이드(lemonade)를 뜻한다고 합니다. 그러나 요즘 일본에서 라무네라고 하면 음료 라무네가 아닌 사탕 라무네를 떠올리는 분들이 많지 않을까 싶습니다.

시판 중인 라무네 사탕의 원료로 흔히 쓰이는 것은 포도당입니다. 포도당은 녹을 때 주변의 열을 빼앗습니다. 그래서 라무네 사탕을 먹으면 입안이 상쾌해지지요.

라무네 사탕은 가정에서도 만들 수 있습니다. 이번에는 포도당이 아닌 가루설탕을 이용해서 톡톡 쏘는 라무네 사탕을 만들어봅시다.

라무네 사탕 만들기

준비물

주재료: 가루설탕(25g), 구연산(한 꼬집 정도), 베이킹소다(한 꼬집 정도), 식용 색소(취향껏 조금)

주도구: 볼(스테인리스 또는 유리로 된 것), 틀(작은 계량스푼도 사용 가능), 스프레이

순 서

1. 볼에 가루설탕, 구연산, 식용 색소를 넣고 잘 저어 섞는다.

2. 스프레이를 사용해 1에 물을 조금씩 뿌린다. 손으로 뭉쳐질 정도가 될 때까지만 물을 넣는다(물을 너무 많이 넣지 않도록 주의).

3. 2에 베이킹소다를 넣고 섞는다.

4. 틀에 넣고 모양을 찍어낸다〈ⓐ〉.

5. 하루 동안 실내에 놓고 건조시킨다.

❖ 식용 색소는 아주 조금만 사용합시다. 가루설탕과 구연산을 섞었을 때는 색이 보이지 않을 정도의 적은 양이라도 물을 뿌리면 색이 나타납니다. 식용 색소를 너무 많이 넣으면 먹을 때 입 안에 색이 물들게 됩니다.

레몬이나 매실장아찌가 신맛이 나는 이유는 구연산이 많이 들어 있어서
입니다. 구연산은 산성인 물질이지요. 그리고 베이킹소다는 알칼리성 물질
입니다.

구연산과 베이킹소다가 섞이면 화학반응이 일어나 탄산가스(이산화탄소)
와 구연산나트륨과 물이 발생합니다. 라무네를 먹으면 안에 함유된 구연
산과 베이킹소다가 입안에서 녹으면서 섞이기 때문에 화학반응이 일어납
니다. 이때 나오는 탄산가스가 톡 쏘는 것의 정체입니다.

산성 물질과 베이킹소다가 섞여 이산화탄소가 발생하는 현상은 과자 제
조에도 활용되고 있습니다. 베이킹파우더에는 산성 물질과 탄산수소나트
륨이 함유되어 있어 수분이 있는 곳에 첨가하면 탄산가스가 발생합니다.
스폰지케이크가 폭신폭신한 이유는 탄산가스로 인해 많은 기포가 만들어
졌기 때문입니다.

라무네를 먹으면 시원한 느낌이 드는데, 여기에도 과학적인 이유가 숨어
있습니다. 구연산과 탄산수소나트륨이 탄산가스와 구연산나트륨이 되는
것은 주변으로부터 열을 빼앗기 때문입니다(흡열반응). 베이킹소다와 구연
산을 아주 조금만 손바닥에 올려놓고 물을 떨어뜨려 봅시다. 의외로 제법
차갑게 느껴질 것입니다. 손
바닥이 열을 빼앗기고 있어
서 그렇습니다.

손바닥으로 실험할 때는 아주 소량만 사
용하고 얼굴을 가까이 대지 않아야 합니
다. 실험이 끝난 뒤에는 손을 깨끗이 씻읍
시다. 구연산은 강산성이라 눈에 들어가면
위험합니다.

'겨울이 오면 고타쓰(일본에서 쓰이는 온열기구로, 이불이나 담요 등을 덮은 좌식테이블을 말함—옮긴이)에서 먹는 귤이 최고'라는 건 이제 과거의 이야기가 된 걸까요? 실제로 일본에서는 최근 30년 동안 귤 소비가 크게 줄어 2015년의 1인당 소비량은 1980년에 비해 3분의 1 이하 수준으로 떨어졌다고 합니다. 그래도 일본에서 가장 많이 먹는 과일은 여전히 귤이겠지요.

제 딸은 귤의 하얀 속껍질이 싫다네요. 그런 사람들이 많이 있을 겁니다. 하얀 속껍질의 정체는 '관다발'입니다. 식물은 관다발을 통해 뿌리와 잎으로부터 수분과 영양분을 전달받습니다. 하얀 속껍질이 없으면 귤은 여물지 못합니다.

귤의 속껍질을 깨끗하게 제거한 상태로 먹을 수 있게끔 만든 통조림을 보신 적 있으실 겁니다. 겉껍질은 껍질 벗기는 기계로 까는 것이 일반적이지만 속껍질은 다른 방법으로 처리합니다. 통조림 공장과 완전히 똑같은 방법은 아니지만 같은 원리로 한번 '반자동 껍질 제거'에 도전해봅시다.

귤 속껍질 까는 방법

준비물

주재료: 귤(1~2개, 한라봉·천혜향·오렌지 등도 가능함), 베이킹소다(1큰술)

주도구: 냄비(법랑 또는 유리로 된 것), 체망, 볼

순 서

1. 귤은 겉껍질을 벗겨 한 조각씩 나눈다〈**ⓐ**〉.

2. 냄비에 물을 200mL 붓고 베이킹소다를 넣어 불을 켠다.

3. 2가 끓어오르면 1의 귤을 넣는다.

4. 휘리릭 저어 가열하고 속껍질이 녹으면 바로 불을 끈다〈**ⓑ**〉.

5. 귤을 체망에 올리고 물을 받을 볼을 받친다. 볼 안에서 물로 흔들어 씻는다. 물을 2번 정도 갈아가며 깨끗이 씻는다.

동물의 몸에는 뼈가 있지요. 뼈가 있어서 움직일 수 있고 체내의 내장을 제자리에 유지할 수 있습니다. 그러면 식물은 어떨까요? 뼈가 없는데도 어떻게 형체를 유지하고 있는 걸까요?

식물세포와 동물세포의 큰 차이는 세포벽을 둘러싸고 있느냐 그렇지 않느냐 하는 점입니다. 식물세포는 하나하나가 단단한 세포벽으로 둘러싸여 있고 펙틴 등의 세포 간 물질이 이웃해 있는 세포벽들을 접착시키는 역할을 합니다. 한편 동물세포는 세포벽이 없고 세포끼리 연결되어도 형체를 유지할 수 없기 때문에 '골격'이 필요합니다.

세포벽은 셀룰로스, 펙틴, 헤미셀룰로스 등으로 구성되어 있습니다. 펙틴과 헤미셀룰로스는 알칼리성 용액으로 가열하면 분해됩니다.

끓인 베이킹소다수는 pH 8 정도의 알칼리성을 띱니다. 따라서 속껍질의 세포가 따로따로 흩어져 베이킹소다를 끓인 물속에 흩어져 버리는 것입니다. 귤의 작은 알갱이(과립낭)도 펙틴과 헤미셀룰로스 덕분에 모여 있습니다. 실험의 마지막 단계에 물로 씻는 것은 작은 알갱이까지 분리되는 것을 막기 위함이기도 합니다.

식물세포와 세포벽(모식도)

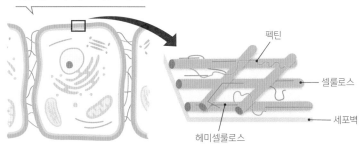

약
반나절

2-4
우동 면발의
탄력은 어디서
오는 걸까?

밀은 고온 건조한 기후에서 잘 자
라는 곡물로 지중해 연안, 북아프리
카, 아메리카대륙 등에서 주로 재배
됩니다. 일본에서도 야요이 시대(일본의 청동
기·철기 시대에 해당하며, 보통 기원전 3세기에서 기원후 3세기까지로
규정함―옮긴이)에는 밀이 재배되었다고 하지만, 비가 많이 오는 일본
에서는 밀보다는 벼농사가 수월했기 때문에 쌀이 주식이 되었습니다.

한편, 밀은 수확한 그대로는 먹을 수가 없습니다. 겉껍질을 제거한 다음
가루로 만들어야 하지요. 고대 이집트에서는 밀을 평평한 돌 위에서 으깬
가루로 빵을 만들어 먹었습니다. 밀을 으깰 때 분쇄된 돌가루가 섞여 들어
가는 바람에 빵을 주식으로 삼은 파라오들은 치아가 닳아버렸다고 하네요.

매끈매끈 쫄깃쫄깃한 우동 만들기

준비물

주재료: 강력분(250g), 박력분(150g), 소금(1큰술), 면발 뽑기에 필요한 밀가루(적당량, 강력분과 박력분 둘 다 가능)

주도구: 볼(큼지막한 것), 비닐봉투(큼지막한 것), 밀대, 칼과 도마, 냄비(큼지막한 것)

강력분과 박력분을 사용합니다.
계량하면서 큼지막한 볼에 넣어도 됩니다.

순 서

1. 물을 160mL 계량해 소금을 넣고 잘 젓는다.

2. 강력분, 박력분이 들어 있는 볼에 1을 조금씩 넣으며 잘 섞는다⟨ⓐ⟩.

3. 수분이 전체적으로 잘 스며들도록 반죽한다⟨ⓑ⟩.

4. 반죽이 한 덩어리가 되었으면 비닐봉투에 넣어 10분 정도 발로 밟는다⟨ⓒ⟩.

5. 반죽을 한 번 꺼내어 두 덩어리로 나눈 다음 다시 비닐봉투에 넣는다. 3분 정도 밟고 실온에 2시간 정도 둔다.

6. 반죽을 봉투에서 꺼내어 둥글게 만든다.

7. 밀가루를 뿌린 도마에 6을 올리고 밀대로 얇게 펴서 가늘게 자른다.

8. 냄비에 물을 넉넉하게 끓여 7을 삶는다⟨ⓓ⟩.

밀가루는 단백질의 함량에 따라서 강력분, 중력분, 박력분으로 나뉩니다. 강력분은 단백질 함량이 12%가량, 박력분은 8%가량, 중력분은 그 사이입니다. 밀가루에 함유된 단백질의 80% 이상은 글리아딘과 글루테닌입니다. 글리아딘은 구슬이 연결된 모양이고, 글루테닌은 가늘고 긴 끈 모양을 하고 있습니다. 글리아딘은 탄력은 약하지만 점성이 강하고, 글루테닌은 탄력이 강하지만 잘 늘어나지 않는 성질을 가지고 있습니다.

밀가루에 물을 넣어 반죽하면 글리아딘과 글루테닌이 섞여 탄력이 있고 점성도 있는 글루텐이 만들어집니다. 밀가루에는 글리아딘과 글루테닌이 거의 같은 양 함유되어 있어 글루텐이 만들어지는 것입니다.

빵을 만들 때는 밀가루에 물, 오일, 설탕, 이스트 등을 넣어 반죽합니다. 전체를 부풀리기 위해서는 글루텐으로 된 단백질 뼈대가 기포를 머금은 상태로 만들어야 합니다. 그러려면 많은 글루텐이 필요하므로 빵을 만들 때는 강력분을 사용합니다.

우동은 밀가루와 소금과 물만으로 만들며, 발효도 시키지 않기 때문에 글루텐이 너무 많으면 딱딱해져 버립니다. 그래서 중력분을 사용합니다.

우동을 만들 때는 소금도 매우 중요합니다. 물만 넣고 반죽하기보다 소금을 넣고 반죽하는 편이 글루텐의 결합이 강해집니다. 소금이 우동에 탄력을 주는 것이지요. 우동 안에 들어 있는 소금은 삶는 동안 물에 녹습니다. 메밀국수 삶은 물은 먹을 수 있지만 우동 삶은 물은 먹지 않는 깃은 염분량이 많기 때문이지요.

밀단백질의 구조(모식도)

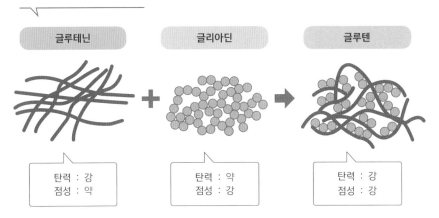

글루테닌	글리아딘	글루텐
탄력 : 강 점성 : 약	탄력 : 약 점성 : 강	탄력 : 강 점성 : 강

밀가루의 차이

	강력분	중력분	박력분
원료	경질밀	중간질밀, 연질밀	연질밀
단백질 함량	약 12%		약 8%
글루텐의 성질	강하다 (쫄깃쫄깃, 매끈매끈)		약하다 (바삭바삭, 폭신폭신)
주요 용도	빵, 피자, 파스타 등	우동, 도너츠 등	케이크 등의 과자, 튀김 등

볶음국수를 빨갛게 만드는 익숙한 가루

냉장 시설이 없던 옛날에는 고기를 보관하기가 어려웠겠지요. 그래서 부패하기 시작한 고기의 냄새를 없애기 위해, 좀 더 맛있게 먹기 위해서는 다양한 향신료가 필수였습니다. 후추와 정향, 육두구 등은 인도, 인도네시아 등 아시아에서만 얻을 수 있습니다. 인도에 향신료를 얻기 위해 새로운 항로 개척을 목적으로 1492년 항

해를 시작한 인물이 바로 크리스토퍼 콜럼버스입니다.

　그 후 16세기 유럽에서는 이들 산지를 손에 넣기 위한 격렬한 쟁탈전이 벌어져 18세기까지 향신료를 놓고 국가들 사이에 전쟁이 이어졌습니다.

　우리가 자주 먹는 카레가루는 강황, 큐민, 올스파이스, 칠리페퍼 등의 향신료로 되어 있습니다. 카레가루가 노란 이유는 강황이 노란색이라서 그렇습니다. 이번 실험에서는 강황의 노란색이 어떻게 변하는지 관찰해볼까요?

볶음국수 색깔 바꾸기

준비물

주재료: 견수(중국식 국수를 만들 때 섞는 탄산칼륨 등의 용액—옮긴이)가 들어간 볶음국수 면(약 170g), 오일(소량), 카레가루(1작은술), 우스터소스(1작은술)

주도구: 프라이팬, 긴 젓가락

볶음국수 면은 견수가
원재료에 포함된 것을 사용합니다.

(견수)

순 서

1. 볶음국수 면에 밀가루나 기름기가 묻어 있거나 생면을 사용한다면 뜨거운 물에 미리 풀어둔 뒤 체에 밭쳐 물기를 빼둔다.

2. 프라이팬에 기름을 두르고 불을 켜서 1의 면을 볶는다⟨ⓐ⟩. 색을 확인하고 1/3을 덜어놓는다.

3. 2의 프라이팬에 카레가루를 넣고 잘 섞는다⟨ⓑ⟩. 색을 확인하고 1/2을 덜어놓는다.

4. 3의 프라이팬에 우스터소스를 넣고 잘 섞는다⟨ⓒ⟩.

5. 불을 끄고 2와 3에서 덜어놓은 면과 4의 면 색깔을 비교해본다.

❖ 색의 변화를 관찰한 뒤에는 면을 다시 데운 다음, 익힌 채소와 고명을 얹어 볶음국수로 만들어 먹을 수 있습니다.

카레가루 속 강황의 색은 노란색입니다. 그런데 볶음국수에 섞으니 붉게 변했지요. 왜 그랬을까요?

볶음국수의 면은 밀가루에 '견수'를 섞어 만듭니다. 견수는 탄산나트륨과 탄산칼륨이 섞인 용액으로 알칼리성입니다. 견수가 들어간 면도 알칼리성이지요.

강황의 색소 성분은 쿠르쿠민입니다. 이 쿠르쿠민은 산성에서 중성까지는 색이 노랗지만 알칼리성에서는 붉게 변합니다. 그래서 알칼리성 면과 섞인 쿠르쿠민이 붉게 변하는 것입니다.

우스터소스는 채소와 과일 등의 추출액을 원료로 만들어졌기 때문에 산성을 띱니다. 알칼리성 면에 산성인 우스터소스를 넣으면 중성이 되기 때문에 쿠르쿠민이 빨강에서 노랑으로 돌아온 것입니다.

볶음국수의 면이 노란 것도 견수가 알칼리성이기 때문입니다. 밀가루에는 플라보노이드라는 색소가 있습니다. 플라보노이드는 산성에서 중성까지는 무색이지만 알칼리성이 되면 노랗게 변합니다(135쪽 참조). 소면은 하얀색이지만 베이킹소다를 넣은 끓는 물에 삶으면 노랗게 변합니다. 베이킹소다를 넣은 물은 알칼리성이기 때문에 밀가루의 플라보노이드가 노란색으로 변합니다.

우동과 메밀국수는 면발을 뽑고 시간이 지나면 딱딱해지는데, 볶음국수와 라면의 면발은 갓 뽑은 것보다 하루 이틀 두고 숙성시키는 편이 식감이 부드러워집니다. 이것 역시 견수가 알칼리성이고 글루텐(80쪽 참조) 변성이 일어나기 때문으로 보입니다.

강황이라는 향신료는 울금으로도 불리는데, 생강과 울금속의 동명식물로 만듭니다.

현재 일본에서 시판되는 견수는 액체와 분말 형태가 있습니다. 대부분 물을 첨가해 사용합니다.

캔참치는 마요네즈와 섞어 주먹밥에 넣거나 샐러드를 만드는 식으로 다양한 요리에 활용할 수 있어 편리하지요.

참치(다랑어)는 영어로 '튜너(Tuna)'입니다. 그래서 저는 캔참치는 당연히 참치가 재료일 거라고 늘 생각했는데, 표기를 자세히 보니 원료에 참치뿐만 아니라 여러 종류가 있었습니다. 사실 튜너라고 하면 농어목 고등어과 다랑어속으로 분류되는 어류의 일종으로, 참치 외에도 가다랑어, 점다랑어, 물치다랑어 등이 포함됩니다. 가다랑어로 만들어도 튜너로 부르는 것은 그런 이유에서 비롯되었습니다.

캔참치는 튜너를 기름에 익힌 것입니다. 캔참치는 집에서도 만들 수 있습니다. 참치회가 남았을 때나 자투리를 저렴하게 팔 때 기름에 끓여 놓으면 여러모로 활용할 수 있습니다. 좋아하는 허브를 넣어 입맛에 맞게 만들 수도 있고요. 보기에도 근사하니 손님 대접용으로도 좋겠지요.

집에서 캔참치 요리 만들기

준비물

주재료: 참치(회 또는 자투리 1팩), 올리브오일(적당량), 소금(참치 중량의 3% 정도), 후추(약간), 허브(월계수나 로즈마리 등 향이 강한 것 소량)

주도구: 키친타월, 냄비(직경이 작다면 올리브오일을 적게 써도 된다는 점에서 좋지만 대신 불 조절이 세심해야 함)

손쉽게 구할 수 있는 참치 살코기를 활용해보는 것을 추천합니다. 이렇게 잘려져 있지 않은 덩어리로 만들 경우에는 안쪽까지 불이 전달될 수 있도록 익히는 시간을 늘립니다.

순 서

1. 참치에 소금을 뿌려 30분 정도 재운다.

2. 표면에 나온 수분을 키친타월로 닦아낸다.

3. 냄비에 2, 후추, 허브를 넣는다.

4. 3에 참치가 잠길 만큼의 올리브오일을 붓는다〈**ⓐ**〉.

5. 약불에서 뭉근하게 천천히 파르르 익힌다(팔팔 삶지 않는다).

6. 끓어오른 다음 5분 정도 익힌 후에 불을 끄고 식을 때까지 기다린다.

이번 실험에서 참치의 붉은 살코기로 만든 캔참치는 하얀색에 가깝게 색이 바뀌었습니다. 돼지고기와 소고기도 날것 상태일 때는 붉은색이지만 가열하면 하얀색을 띱니다. 생선과 육류의 색이 붉은 것은 피의 색이 아니라 근육 안에 '마이오글로빈'이라는, 철을 함유한 단백질이 있기 때문입니다. 생고기 안에서 철은 환원 상태(Fe^{2+})이기 때문에 마이오글로빈의 색은 붉어집니다. 가열하면 철이 산화 상태(Fe^{3+})가 되어 마이오글로빈은 갈색으로 변합니다. 가열로 인해 고기의 색이 변하는 이유는 마이오글로빈 속의 철분의 상태가 변하기 때문입니다.

마이오글로빈은 근육 안에 있는데, 산소를 데리고 오거나 떼어놓거나 하는 성질이 있습니다. 어두운 붉은색인 마이오글로빈은 산소와 결합하면 선명한 붉은색인 옥시마이오글로빈으로 바뀝니다. 팩으로 된 고기를 샀을 때 고기끼리 붙어 있는 부분이 갈색처럼 보일 때가 있지요. 그것은 마이오글로빈이 산소와 결합하지 못했기 때문입니다.

똑같은 산소의 유무에 따른 색의 변화는 혈관 안의 헤모글로빈에서도 일어납니다. 우리의 혈액 안에 있는 헤모글로빈도 산소를 떼어놓은 디옥시헤모글로빈일 때는 어두운 붉은색을, 산소와 결합한 옥시헤모글로빈일 때는 선명한 붉은색을 띱니다. 동맥혈은 옥시헤모글로빈이 많기 때문에 선명한 붉은색이지만, 디옥시헤모글로빈이 많은 정맥혈은 어두운 붉은색을 띱니다.

참고로 확실히 가열했는데도 분홍빛이 도는 돼지고기나 소고기도 있습니다. 선명하게 발색시키기 위해 아질산나트륨을 사용해 제조한 햄(170쪽 참조), 아질산나트륨으로 변화하는 성분을 함유한 채소 등과 함께 조리한 양배추롤 등이 대표적인 예입니다.

참치회는 붉은데 광어회는 하얀색이지요. 이 색의 차이는 왜 나타나는 걸까요? 혈액의 양일까요? 그 이유는 근육의 종류가 다르기 때문이랍니다.

참치는 늘 헤엄치는 물고기입니다. 계속해서 움직이려면 근육에 항상 산소를 공급해줘야 합니다. 근육에 산소를 전달하는 작용을 하는 것이 '마이오글로빈'이지요. 마이오글로빈이 많고 지구력이 있는 근육을 '느린 근육 섬유'라고 합니다. 참치는 이 느린 근육 섬유가 많은 어종입니다. 마이오글로빈은 붉은색이므로 참치의 속살도 붉은색이지요. 마이오글로빈은 근육 세포의 액체 부분에 있는 '근형질 단백질' 중 하나입니다. 근형질 단백질은 가열하면 굳습니다.

한편, 광어는 모래 속에 늘 가만히 있으면서 먹잇감이 가까이 왔을 때 재빠르게 이동해 잡습니다. 지구력보다도 순발력이 필요합니다. 재빠르게 움직이려면 '속근'이 필요하지요. 속근에는 마이오글로빈이 별로 없습니다. 따라서 광어의 속살은 흰색입니다.

계속해서 헤엄치는 참치보다도 더 근육이 붉은 것이 고래입니다. 고래는 포유류입니다. 폐호흡을 하기 때문에 물에서 산소를 공급받을 수 없습니다. 따라서 몇 분 간격으로 수면으로 나와 호흡을 해서 체내로 산소를 가져와야 합니다. 잠수하는 동안은 가져온 산소를 쓰면서 움직이는 것이지요. 따라서 마이오글로빈이 많이 필요합니다.

참치와 비슷한 어류(왼쪽)와 광어(오른쪽)는 발달된 근육이 상당히 다릅니다.

▌칼럼▌ 연어는 붉은 살 생선?

연어회는 분홍색이지요. 그러면 붉은 살 생선일까요?

강에서 부화한 연어는 바다를 향해 헤엄쳐 나갑니다. 바다로 나간 연어는 오징어, 정어리 등의 작은 물고기와 동물플랑크톤 등을 먹고 자라 태어난 강으로 돌아옵니다. 바다에 있는 기간은 약 4년 정도라고 합니다. 넓은 바다에서 4년이나 보낸 후에 자기가 태어난 강으로 정확히 돌아오는 것은 정말 신기한 일입니다. 연어는 인간의 100만 배 이상의 감도를 가지고 저마다 강의 냄새를 구분할 수 있다고 하지만, 아직도 그 부분은 베일에 싸여 있습니다.

연어는 원래 흰 살 생선입니다. 그런데 연어를 횟감으로 잘라보면 왜 오렌지빛이 도는 분홍색일까요? 대량으로 먹는 먹잇감인 동물플랑크톤에 함유된 붉은색 색소 아스타크산틴이 근육으로 들어가기 때문에 오렌지빛이 나는 것입니다.

참치 등의 붉은 살 생선은 가열하면 굳지만, 흰 살 생선은 근형질 단백질의 양이 적기 때문에 가열해도 섬유질이 뭉치지 않습니다. 초밥 등에 쓰는 벚꽃 덴부(생선을 잘게 찢어 간장 설탕으로 조리한 식품—옮긴이) 등의 재료도 흰 살 생선이지요. 붉은 살 생선으로는 덴부를 만들 수 없습니다.

연어는 먹이 때문에 살이
분홍색으로 보입니다. .

약 30분

치즈를 만들자

우유로 만들 수 있는 제품은 치즈, 버터, 생크림 등 다양합니다. 옛날 옛적 아라비아 상인이 산양 유를 담는 주머니로 어린 양의 위를 썼더니 우유가 굳어진 것이 치즈의 시작이라고 합니다. 우유를 굳히는 작용을 하는 것은 어린 양의 위 안에 있는 소화액인 '레닛'이라는 물질입니다.

레닛에는 단백질 분해효소인 키모신과 펩신이 섞여 있습니다. 엄마 소의 젖을 먹는 송아지의 레닛은 키모신이 대부분이지만, 풀을 먹게 되면 펩신이 늘어납니다. 치즈를 만드는 데는 키모신이 필요합니다. 따라서 치즈를 만들려면 생후 30일 미만 송아지의 위에서 레닛을 추출해야만 했습니다.

그러다 1960년대 도쿄대 아리마 게이 교수가 키모신과 같은 작용을 하는 효소를 생성하는 미생물을 발견하게 되었습니다. 그 후로 '미생물 레닛'이 생산되기 시작해 지금은 미생물 레닛을 이용해 만드는 치즈 제품이 점차 늘고 있습니다.

이번 실험에서 만들 코티지치즈는 본래 레닛을 넣어 우유 속의 단백질을 응고시켜 만듭니다. 하지만 레닛 외에 다른 것으로도 우유 속 단백질을 응고시킬 수 있습니다. 레몬즙을 활용한 실험을 통해 확인해봅시다.

코티지치즈 만들기

준비물

주재료: 우유(500mL), 레몬즙(2큰술)

주도구: 냄비, 국자, 체망(촘촘한 것)

순 서

1. 냄비에 우유와 레몬즙을 넣고 잘 섞는다.

2. 1을 약불에 올린다. 그 후 많이 젓지 않는다.

3. 잠시 후 하얀 덩어리가 확 떠오르고 그 아래의 액체가 투명해지면 불을 끈다⟨ⓐ⟩.

4. 3에 떠오른 흰색 덩어리를 국자로 떠내 체망에 받친다⟨ⓑ⟩.

5. 그대로 놓아 물을 빼거나(폭신한 식감으로 완성) 삼베 등으로 감싸 물기를 짠다(폴폴 날리는 식감으로 완성).

해설 우유가 굳는 이유

    우유로 만드는 유제품은 유지방(유지방분)을 이용해 만드는 것과 유단백질을 이용해 만드는 것으로 나눌 수 있습니다. 버터와 생크림은 유지방을 이용해 만들고 치즈와 요거트는 유단백질을 이용해 만듭니다.

    단백질은 아미노산이 주르륵 연결된 긴 분자입니다. 아미노산은 모두 카복실기($-COOH$)와 아미노기($-NH_2$)라는 부분을 가지고 있고, 이웃한 카복실기와 아미노기가 결합해 삼차원 구조를 형성하고 있습니다.

    카복실기와 아미노기는 용액 안에서 수소이온(H^+)과 수산화물이온(OH^-)으로 결합하거나 떨어져 나가거나 합니다. 그 때문에 단백질은 용액 안의 수소이온의 양(pH)에 따라 성질이 변화하게 됩니다.

    우유 안에는 수십 종류나 되는 단백질이 들어 있습니다. 이 가운데 산성으로 응고되는 단백질을 '카제인', 응고되지 않는 단백질을 '유청단백질'이라고 부릅니다. 카제인은 수천 개의 분자가 모여 작은 알갱이의 형태로 우유 속에 흩어져 존재합니다. 여기에 레몬즙(pH 2 정도)을 넣어 산성으로 만들면 카제인이 작은 알갱이가 되지 못하고 서로 점점 달라붙게 되어 커다란 덩어리로 만들어집니다.

우유의 성분

97

2-8
버터를
만들자

'밥 먹고 바로 누우면 소 된다'라는 말이 있듯이 소는 질겅질겅 여물을 씹으면서 옆으로 누워 있는 때가 많습니다. 하지만 이러는 데도 분명 이유가 있습니다.

소는 위가 네 개입니다. 먹은 것이 처음 들어가는 첫 번째 위의 크기는 다 자란 소의 경우 무려 150L나 됩니다. 많은 미생물이 사는 첫 번째 위에서는 소가 먹은 풀을 발효·분해시킵니다. 인간은 풀에 있는 식이섬유를 거의 소화시키지 못하지만, 소의 경우는 첫 번째 위 안에 있는 미생물 덕분에 식이섬유의 50~80%를 소화할 수 있습니다. 소가 옆으로 누워 계속 질겅질겅 씹는 이유는 이 커다란 첫 번째 위와 입 사이에서 음식물이 왔다갔다 하기 때문입니다. 소는 첫 번째 위에서 소화되지 않은 것을 입으로 되돌려 보내 물리적인 자극을 통해 잘게 쪼갠 뒤 다시 첫 번째 위로 보냅니다.

이렇게 한 번 삼킨 음식물을 다시 입으로 되돌려 보내 씹는 동물을 '반추동물'이라고 합니다. 양, 산양, 기린도 반추동물입니다.

소가 먹은 풀에 함유된 탄수화물과 단백질은 소화 과정에서 변화하여 혈액으로 운반되는 형태로 바뀝니다. 우유는 혈액을 통해 운반되는 영양소를 바탕으로 유선세포에서 만들어집니다. 인간은 여러 몸에 좋은 성분을 함유하고 있는 우유의 특성을 활용해 모양도 식감도 맛도 종류도 다양한 식품을 만들지요. 우리도 이번에는 버터 만들기에 도전해볼까요?

 버터 만들기

준비물

주재료: 순유지방분 40% 이상의 생크림(200mL), 소금(약간)

주도구: 볼, 핸드믹서, 입구가 크고 뚜껑이 있는 병

순 서

1. 입구가 크고 뚜껑이 있는 병을 냉동실에 얼려둔다.

2. 생크림은 냉장실에 보관해둔다.

3. 볼에 생크림과 소금을 넣고 핸드믹서로 간다⟨ⓐ~ⓑ⟩. 생크림이 작고 동글동글한 덩어리와 액체로 나뉠 때⟨ⓒ⟩까지 계속 믹서로 간다.

4. 1의 병을 냉동실에서 꺼내 바로 3을 넣는다. 뚜껑을 꽉 닫고 1분 정도 흔든다⟨ⓓ~ⓔ⟩.

5. 전체가 덩어리가 되면 병째로 냉장실에 넣어 1시간 정도 기다린다. 병 안의 내용물을 꺼낸다⟨ⓕ⟩.

❖ 버터는 30℃ 정도면 녹아버립니다. 실온이 높은 경우는 얼음물로 볼을 식히면서 만들어봅시다.

우유는 유지방, 유단백질, 비타민, 칼슘 등의 미네랄 등 다양한 물질이 물에 녹아 있는 액체입니다. 본래 지방과 물은 잘 섞이지 않지만 유지방은 계면활성제(173쪽 참조)의 하나인 지방구막이라는 특수한 막으로 보호되어 있어 물과 섞일 수 있습니다.

이 지방구막은 물리적인 자극에 약해 지속적으로 강하게 흔들거나 계속 섞으면 무너져버립니다. 지방구막이 무너지면 유지방분은 원래 물과 섞이지 않는 지방이므로 섞일 수가 없게 되어 유지방끼리 굳어버립니다. 이것이 버터입니다.

관광객들이 찾는 농장에서 우유로 버터를 만드는 체험행사를 하기도 하지만, 시판 중인 우유로는 버터를 만들 수 없습니다. 왜 그럴까요?

유지방분은 물보다 가벼워서 짜낸 우유(생유)를 그대로 방치해두면 유지방이 윗부분에 모여 유지방끼리 굳어져서 분리됩니다. 이런 현상을 피하고자 시판되는 우유는 균질화라는 처리를 거쳐 유지방을 확 줄여 유지방 간에 응고가 일어나지 않도록 하고 있습니다. 그 때문에 균질화 처리된 우유는 아무리 흔들어도 버터가 만들어지지 않는 것입니다. 비균질화 우유라면 버터를 만들 수 있겠지만, 생크림과는 달리 유지방분의 양이 적어서 만들어지는 버터의 양은 많지 않습니다.

생크림의 변화(모식도)

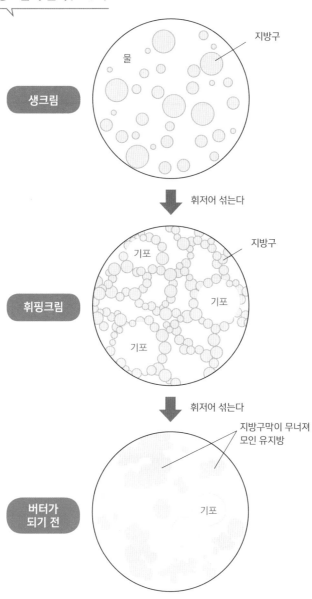

생크림

물
지방구

↓ 휘저어 섞는다

휘핑크림

기포
지방구
기포
기포

↓ 휘저어 섞는다

버터가
되기 전

지방구막이 무너져
모인 유지방
기포

있으면 편리한 도구 ③

디지털 저울

이제는 일반 가정에서도 없어서 안 되는 디지털 저울.
평소 부엌에서 쓰는 것으로도 충분하지만, 이렇게
0.1g 단위까지 잴 수 있는 저울이 있으면 실험이
조금 더 편합니다.

Part 3
차이가 한눈에 이해되는
신기한 실험

3-1

🕐 약 1시간

포슬포슬 감자와 쫄깃쫄깃 감자

수미, 대지, 대서, 두백, 하령, 남작. 이것은 모두 감자의 품종명입니다. 종류가 많지요. 일본 농림수산성 '품종등록 데이터베이스'에는 130종이나 되는 '마령서(馬鈴薯, 말에 달린 방울들이 모여 있는 것처럼 생겼다 해서 감자에 붙여진 이름—옮긴이)' 품종이 등록되어 있습니다. 감자는 품종에 따라 껍질의 두께와 색깔, 속의 색깔 등이 다릅니다. 또한 전분과 수분 함량도 다릅니다. 그래서 종류에 따라 식감과 부서지는 느낌도 다른 것입니다.

　같은 품종의 감자라도 생육 상태와 보존 상태에 차이가 있으면 전분의 양과 수분의 양에도 차이가 나타납니다. 토마토 실험(14쪽 참조)과 마찬가지로 중량과 부피의 관계를 생각하며 식감을 구분하기 쉬운, 간단한 조리법의 구운 감자를 만들어 직접 확인해봅시다.

구운 감자 만들기

준비물

주재료: 감자(2~3개), 올리브유(적당량), 소금(50g과 소량)

주도구: 볼, 칼과 도마, 오븐 시트, 오븐(또는 오븐 기능이 있는 토스터)

순 서

1. 볼에 물을 500mL 받고 소금을 50g 넣어 녹인다. 감자를 넣는다⟨**ⓐ**⟩.

2. 떠오른 감자와 가라앉은 감자를 분류한다(차이가 나타나지 않으면 소금을 조금씩 더 넣는다).

3. 분류한 순서대로 **2**를 1cm 폭으로 납작하게 썬다⟨**ⓑ**⟩.

4. **3**을 각각 볼에 넣고 올리브유, 소금을 뿌린 뒤 잘 섞는다.

5. **4**의 두 종류를 구별할 수 있도록 오븐 시트를 깐 도마 위에 올린다. 200℃로 예열한 오븐에 30분 정도 굽는다.

❖ 위의 순서 **3** 다음에 어떤 것이 떠오른 감자이고 어떤 것이 가라앉은 감자인지 알 수 있도록 나눠서 작업합시다.

감자는 포슬포슬 부드러운 식감의 남작 같은 '분질감자'와 잘 부서지지 않는 쫀득한 식감의 대서 같은 '점질감자'로 크게 구분됩니다. 포슬포슬한 식감으로 요리되는 이유는 세포 하나하나가 흩어지기 때문입니다. 반대로 세포끼리 붙어 있는 상태면 점성이 강해져 잘 부서지지 않습니다.

감자의 세포를 달라붙게 만드는 것은 펙틴(75쪽 참조)입니다. 펙틴은 감자뿐만 아니라 식물의 세포끼리 달라붙게 하는 성분으로 과일에도 다량 함유되어 있습니다. 펙틴은 가열하면 분해되고 세포들도 서로 떨어집니다. 채소를 가열하면 부드러워지는 이유는 펙틴이 분해되기 때문입니다.

이번 실험에서 소금물에 담갔을 때 가라앉은 것은 전분을 다량 함유한 '고비중 감자'이고, 떠오른 것은 전분을 많이 가지고 있지 않은 '저비중 감자'입니다. 도쿄농업대학 사토 히로아키 교수의 연구에 따르면, 고비중 감자는 저비중 감자에 비해 펙틴의 함량이 많아서 가열하면 세포가 흩어지기 쉽다고 합니다. 그러니 식감이 포슬포슬한 구운 감자를 좋아한다면 '고비중 감자'를 쓰면 좋겠지요.

참고로 으깬 감자 요리나 감자 샐러드를 만들 때는 뜨거운 상태의 감자를 으깨는 것이 바람직하다고 합니다. 감자가 식어버리면 펙틴이 세포끼리 다시 붙어버리기 때문이지요. 그 상태에서 무리하게 으깨면 세포가 무너져서 전분이 밖으로 빠져나가 찐득찐득한 식감으로 바뀌어버립니다.

포슬포슬한 감자의 대표 품종인 남작 외에도 비슷한 품종으로 단맛이 강한 기타아카리(일본 홋카이도산 감자 품종의 하나—옮긴이)가 최근에 인기를 얻고 있습니다. 같은 품종이라도 고비중과 저비중이 있답니다.

일본식 고기감자조림을 만들 때 흔히 사용하는 조미료는 술(니혼슈), 미림(미린, 맛술), 설탕, 간장이지요. 설탕과 간장은 맛을 내는 데 필요하다는 것을 알겠지만 술이나 미림, 아니면 둘 다 빼놓을 수 없는 이유는 무엇일까요?

일본에서 '혼미림[혼미린, 여러 첨가물이 들어간 조미료 형태의 미림풍 조미료를 구별하기 위해 혼(本, 본)자를 붙여서 혼미림으로 부름—옮긴이]'은 주류 매장에 진열되어 있습니다. 그렇다는 것은 미림이 술이라는 뜻일까요? 미림은 매우 흔히 쓰는 조미료이지만 잘 알려지지 않은 부분이 있는 것 같습니다. 그 비밀을 찾아봅시다.

 물과 미림의 대조실험

준비물 --

주재료: 감자(남작 등 포슬포슬한 품종으로 1개), 미림(2큰술)

주도구: 칼과 도마, 냄비 2개

순 서 --

1. 감자는 8등분으로 썬다.

2. 한쪽 냄비에 물을 500mL 붓는다. 다른 한쪽 냄비에는 물을 500mL 붓고 미림을 넣는다.

3. 두 냄비에 1의 감자를 4조각씩 넣는다.

4. 두 냄비에 불을 올리고 끓어오른 후 10분 정도 삶는다. 불을 끄고 나누어 넣은 대로 꺼내 비교해본다.

미림을 넣은 냄비에서 삶은 감자는 부서져 있지 않습니다. 미림에는 알코올이 13~14% 함유되어 있습니다. 술(니혼슈)의 알코올은 15~16%이므로 거의 비슷한 셈이지요. 감자의 세포가 달라붙도록 만드는 것은 펙틴입니다(109쪽 참조). 펙틴은 가열하면 녹아버리지만, 알코올이 있으면 녹기 힘들어집니다. 따라서 미림이 들어간 냄비의 감자는 펙틴이 그대로 남아 있어서 부서지지 않았던 것입니다.

술과 미림은 재료와 만드는 법이 아주 다릅니다. 술의 원료는 멥쌀이지만 미림의 원료는 찹쌀입니다. 술도 미림도 쌀을 찐 뒤에 쌀누룩을 넣어 쌀 안의 전분을 분해시켜 만듭니다. 이 현상을 당화(糖化)라고 부릅니다.

멥쌀이 함유한 전분은 '아밀로펙틴'이 75~85%이고 나머지는 '아밀로스'입니다. 한편 찹쌀은 아밀로펙틴이 100%이지요. 아밀로펙틴의 분자 구조상 가지가 많이 뻗어 있기 때문에 긴 사슬인 아밀로스보다 분해되기 쉽고, 당화로 인해 단맛을 가진 포도당과 맥아당이 다량 만들어집니다.

미림과 술의 기본적인 제조법

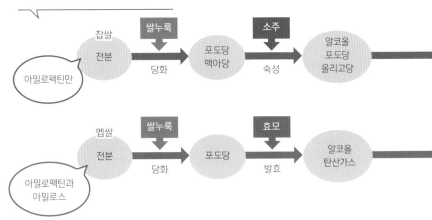

찹쌀
전분 — 쌀누룩 / 당화 → 포도당 맥아당 — 소주 / 숙성 → 알코올 포도당 올리고당
아밀로펙틴만

멥쌀
전분 — 쌀누룩 / 당화 → 포도당 — 효모 / 발효 → 알코올 탄산가스
아밀로펙틴과 아밀로스

술은 당화된 후 효모를 넣어 발효시킵니다. 효모는 포도당을 알코올과 탄산가스로 분해합니다. 효모로 인해 알코올이 만들어지는 것이지요. 한편 미림은 발효를 시키지 않습니다. 당화가 끝나면 소주를 넣어 효모의 작용을 억제하면서 숙성시킵니다.

이렇게 만들어진 미림에는 아이소말토스, 올리고당 등 9종류가 넘는 당, 18종류의 아미노산이 들어 있습니다. 당의 대부분은 포도당(약 73%)과 올리고당(약 27%)입니다. 올리고당에는 반짝반짝 윤기를 내는 효과가 있습니다. 그래서 미림을 쓰면 음식에 윤기가 흐릅니다.

미림은 알코올 도수가 높아 주류세가 붙습니다. 그래서 세금이 붙지 않도록 알코올 성분을 낮춰 만든 것이 미림 조미료입니다. 당류, 쌀, 쌀누룩, 조미료 등으로 만들어 미림과 비슷한 맛을 낸 것이지요. 알코올 성분은 1% 미만으로 낮기 때문에 부서지지 않게 하는 효과는 없지만, 당류가 다량 함유되어 있어 음식에 반짝반짝 윤기를 냅니다. 미림 조미료와 구별하기 위해 미림은 '혼미림'이라고 불립니다.

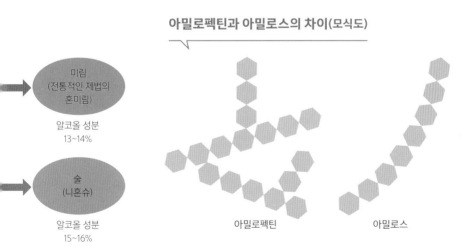

아밀로펙틴과 아밀로스의 차이(모식도)

미림
(전통적인 제법의
혼미림)

알코올 성분
13~14%

술
(니혼슈)

알코올 성분
15~16%

아밀로펙틴

아밀로스

녹말을 섞은 단팥죽을 먹다 보면 처음엔 분명 걸
쭉했는데 어느새 물처럼 되어 있는 경우가 있습니
다. 이것은 사람의 침에 아밀레이스가 함유되어 있
기 때문입니다. 아밀레이스는 무에도 들어 있답니
다. 이번 실험에서는 아밀레이스가 전분을 분해하는
과정을 확인해봅시다.

3-3
달지 않은 녹말을
달게 만드는 방법

전분 분해 실험

준비물

주재료: 무(50g), 녹말(3큰술)

주도구: 냄비, 강판, 그릇(공기 등 2개)

제철 무일수록 잎과 가까운 부분에서 단맛이 납니다. 뿌리 끝부분은 매우니 가운데 부분을 쓰거나 아래의 순서 2에서 부분별로 넉넉히 강판에 갈아 두고선 7과 맛을 비교해보는 것도 좋을 것입니다.

순 서

1. 냄비에 녹말을 넣고 물을 100mL 부은 뒤 30분 이상 둔다.

2. 무를 강판에 간다.

3. 1의 냄비를 불에 올린다. 잘 저어 투명하고 걸쭉해지면 멈추고 불을 끈다.

4. 3을 절반씩 두 개의 그릇에 나눠 담는다.

5. 4가 식으면 한 개의 그릇에만 2의 무를 넣는다⟨ⓐ⟩.

6. 1시간 정도 둔다.

7. 두 개의 그릇 각각의 맛을 확인한다.

해설 전분이 분해되면 단맛이 나는 이유

녹말과 물을 섞어 가열하면 점성이 생겨서 풀처럼 끈적끈적하게 되어 뭉치는 호화 현상이 일어납니다. 여기에 갈은 무를 넣으면 뭉쳐 있던 게 풀어지면서 단맛이 납니다. 무에는 호화된 전분(α전분)을 분해하는 아밀레이스(아밀라제)가 존재합니다. 아밀레이스는 포도당이 길게 이어진 전분을 분해시킵니다.

인간의 혀에는 미각세포가 있는데 여기에 물질이 달라붙어 맛을 확인합니다. 그런데 전분은 너무 커서 미각세포에 붙을 수가 없기에 인간은 전분 자체의 맛을 느끼지 못합니다. 대신 전분이 분해되어 포도당과, 포도당이 두 개 연결된 맥아당이 되면 미각세포에 붙을 수가 있어 단맛을 느끼게 됩니다.

식물은 잎으로 광합성을 하고 만들어낸 포도당을 전분으로 저장합니다. 싹이 나는 시기가 와서 에너지가 필요해지면 저장한 전분을 아밀레이스로 분해해 당으로 바꾸고 스스로 영양원으로 삼습니다.

전분의 분해(모식도)

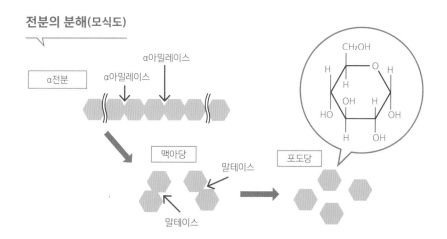

117

▌칼럼▐ 녹말과 옥수수전분

　일본의 에도시대에는 녹말을 백합과 식물인 얼레지의 뿌리에 해당하는 비늘줄기로 만들었지만, 지금은 감자로 만들고 있습니다. 감자를 자른 다음 물에 흔들면 바닥에 흰색 가루가 고입니다. 이것이 '마령서전분'이라고 불리는 것으로 녹말의 원료입니다.

　감자는 줄기 부분이 땅속에서 자라는 땅속줄기입니다. 감자를 해가 드는 곳에 내놓으면 녹색으로 변하지요. 줄기 부분이기 때문에 볕이 닿으면 클로로필이 만들어져 광합성을 시작하는 것입니다. 또한 솔라닌과 차코닌이라는 유해물질도 만들어집니다. 그래서 녹색으로 변한 감자는 먹어서는 안 됩니다.

　옥수수전분도 요리를 걸쭉하게 만들기 위해 쓰입니다. 옥수수전분은 이름에서 알 수 있듯 옥수수의 전분을 말합니다. 옥수수에는 수염이 붙어 있지요. 이 수염은 옥수수의 암꽃술로, 여기에 꽃가루가 붙어 수분이 일어나 열매가 맺히게 됩니다. 수염이 많을수록 열매가 많이 열리는 것이 바로 이 때문입니다.

초봄에 피는 얼레지. 옛날에는 얼레지의 비늘줄기를 녹말 만드는 데 사용했습니다.

녹말도 옥수수전분도 요리를 걸쭉하게 만들기 위해 사용됩니다. 점성이 생기는 것은 전분이 호화되기 때문이지요(117쪽 참조). 감자의 전분인 녹말은 호화되면 투명해집니다. 온도가 높은 상태에서는 점도가 높지만 온도가 낮아지면 점도가 떨어집니다. 한편, 옥수수전분은 호화되어도 투명하게 변하지 않고 점도도 녹말만큼 높지는 않지만, 온도가 낮아져도 점도에 큰 변화가 없습니다. 이런 점 때문에 커스터드 크림이나 블랑망제 등 식혀서 먹는 디저트를 만들 때는 녹말이 아니라 옥수수전분을 써야 합니다.

　녹말을 넣어 음식을 걸쭉하게 만들려고 했을 때 뭉친 적은 없었나요? 녹말의 전분은 알갱이가 크기 때문에 가열을 하면 주변부만 호화되고 중심부는 호화되지 않는 현상이 일어나기 쉽습니다. 이를 방지하려면 미리 중심부에 물을 넣어 섞어두어야 합니다. 녹말을 단팥 등에 사용할 때는 미리 물을 섞어놓도록 합시다. 30분 전부터 물에 담가두는 것을 추천합니다.

녹말과 옥수수전분의 차이

	녹말	옥수수전분
원료	감자	옥수수
전분 알갱이의 크기	15~120μm (크기가 제각각)	6~30μm (크기가 비교적 고르다)
호화 온도	55~66℃	65~76℃
걸쭉해졌을 때의 색	투명	불투명
점도	높다 (온도가 내려가면 점도가 내려간다)	낮다 (온도가 내려가도 점도가 유지된다)
적합한 요리	단팥 요리, 튀김옷 등	커스터드 크림, 블랑망제 등

질긴 고기로 부드러운 스테이크를 만들어보자

소고기 섭취량이 많은 서양에서는 붉은색 고기를 선호합니다. 일본에서도 최근 지방이 적은 붉은색 육류의 인기가 높아지고 있다고 하지요. 하지만 역시 마블링이 눈에 보이는 부드러운 식감의 고기를 많은 이들이 좋아하는 듯합니다. '비교적 저렴한 붉은색 고기는 질겨서 좋아하지 않는다'는 이들도 많지 않을까요?

소고기의 부드러운 식감과 맛은 지방과 붉은 살(근육 부분)에 따라 결정됩니다. 집에서 소고기의 지방을 늘리는 것은 어렵지만 부드럽게 만드는 것은 의외로 간단합니다. 부드럽게 만드는 과정에서 고기의 감칠맛을 내는 성분도 늘릴 수 있습니다. '가격은 적당한데 질길 것 같은' 고기가 있다면 한번 도전해봅시다.

질긴 고기 대조실험

준비물

주재료: 소고기(두께가 있는 것 200g), 생강(껍질을 벗긴 것 20g), 오일(적당량)

주도구: 강판, 칼과 도마, 포크, 프라이팬, 긴 젓가락

순 서

1. 생강은 강판에 갈아 짠다(생강즙이 된다).

2. 고기를 절반으로 잘라 포크로 찔러 구멍을 낸다.

3. 고기 중 한 조각을 1에 담그고 또 한 조각은 그대로 둔다〈ⓐ〉.

4. 실온에 1시간 동안 둔다(여름철에는 고기가 상하기 쉬우므로 냉장고에 3시간 보관한 다음 실온에 둔다).

5. 프라이팬에 오일을 살짝 두르고 불을 켜서 두 종류의 고기를 굽는다. 구워지면 불을 끄고 질긴 정도를 확인해본다.

고기의 붉은 부분의 주성분은 단백질입니다. 단백질은 아미노산이 길게 연결된 커다란 분자입니다. 생강에는 단백질을 분해하는 프로테이스가 들어 있습니다. 그래서 생강즙에 담근 고기는 단백질이 분해되어 부드러워지는 것입니다.

단백질은 큰 분자라서 인간의 미각으로는 느낄 수 없습니다. 프로테이스 때문에 분해되어 아미노산과 펩티드(아미노산이 수십 개 연결된 것)가 되면 맛이 느껴집니다. 프로테이스가 작용하면 부드러워질 뿐만 아니라 감칠맛도 좋아집니다. 생강 외에도 파인애플, 키위, 파파야, 멜론 등에도 프로테이스가 들어 있습니다.

프로테이스도 단백질이므로 가열하면 구조가 변하여 단백질을 분해할 수 없게 됩니다. 생강즙 대신 생 파인애플즙을 써도 고기는 부드러워지는데, 통조림 파인애플(시럽으로 끓인 것)즙으로는 고기가 부드러워지지 않습니다.

식물에 프로테이스가 들어 있는 것은 벌레에게 먹히지 않도록 예방하기 위해서라고 합니다. 프로테이스가 들어 있는 식물을 많이 먹으면 움직이지 못하게 된다고 하네요. 인간은 평소 먹는 양 정도로는 문제가 없습니다. 벌레와 인간은 몸집이 완전히 다르니까요. 또한 우리의 장에는 음식물의 단백질을 분해하는 프로테이스가 있기 때문에 식물 유래 프로테이스도 분해됩니다.

프로테이스가
함유된 과일의 예

▋칼럼 ▋ 버섯은 냉동하는 편이 낫다?

잎새버섯에도 단백질을 분해하는 프로테이스가 함유되어 있습니다. 덩어리 고기에 다진 잎새버섯을 발라놓거나 얇게 저민 고기와 잎새버섯을 섞어두면 고기가 부드러워집니다.

그러나 달걀찜을 만들 때 잎새버섯을 넣으면 안 됩니다. 달걀의 단백질이 분해되어 굳지 않습니다.

잎새버섯은 버섯의 일종입니다. 버섯은 여러 종류를 함께 요리에 쓰는 경우도 많지요. 구입해서 바로 다 쓰지 못하는 분량은 냉동해두면 편리하나 원래의 맛이 없어진다고도 합니다. 어떤 변화가 일어나기 때문일까요?

버섯에는 수분이 매우 많습니다. 표고버섯, 잎새버섯, 만가닥버섯 등은 모두 식용부의 90%가 수분입니다. 물은 얼면 부피가 늘어납니다. 버섯을 냉동하면 세포 속 수분이 얼어 세포벽을 부숩니다. 그 결과 버섯의 세포 내에 있던 감칠맛을 내는 성분이 세포 밖으로 빠져나가기 쉽습니다.

버섯의 감칠맛 성분은 구아닐산이라는 아미노산입니다. 구아닐산은 세포 내의 리보핵산(RNA)이 분해되어 만들어진 것입니다. 건조 표고버섯은 볕에 말리는 과정에서 구아닐산의 생육량이 늘어나므로 생표고버섯보다 감칠맛이 올라갑니다.

버섯을 지퍼백에 넣어 냉동시키면 감칠맛이 어느 정도 유지됩니다.

버섯은 단어 그대로 마치 '나무의 아이'처럼 나무에 달라붙어 성장합니다(일본어로 버섯은 기노코木の子라고 함―옮긴이). 표고버섯은 메밀잣밤나무, 상수리나무 등의 나무에서, 잎새버섯은 너도밤나무류의 나무에 붙어서 자랍니다. 그런데 나무의 무엇을 영양분으로 삼는 걸까요? 나무는 리그닌, 셀룰로스, 헤미셀룰로스 등의 성분에 따라 단단해지고, 위로 커가며 성장합니다. 동물은 이들 성분을 소화시킬 수 없지만, 버섯은 이 성분을 분해할 수 있는 효소를 가지고 있어 영양분으로 삼을 수 있답니다.

일본에서는 약 30년 전까지만 해도 주먹밥은 집에
서 만들어 먹는 음식이었습니다. 그러나 요즘은 편
의점에서 사 먹는 음식이라고 생각하는 사람들이
많아진 듯합니다. 매실장아찌, 가다랑어포, 연어 등
의 전통적인 재료에서 벗어나 참치마요네즈, 치킨, 불
고기 등 점점 다양해지고 있지요.

그런데 시판 삼각김밥은 시간이 지나도 맛이 그대로 유지되는데 비해 집
에서 만든 주먹밥은 질척거리거나 딱딱해지는 경우가 많습니다. 이는 쌀의
성질 때문인데, 이를 활용해 맛있는 주먹밥을 만들어봅시다.

주먹밥 만들기

준비물

주재료: 쌀(원하는 만큼)

주도구: 밥솥, 랩, 알루미늄 포일

순 서

1. 쌀은 씻은 뒤 물을 넉넉히 받아 30분 정도 불린다.

2. 1의 물기를 빼고 밥솥에 넣는다. 쌀의 양만큼 물 눈금에 맞춰 물을 붓는다. 밥을 안친다.

3. 완성된 2를 살살 섞어서 랩 위에 펼쳐 놓는다〈**ⓐ**〉. 한 움큼씩 쥐어 다른 랩으로 싸면서 주먹밥을 만든다.

4. 3의 절반을 새로운 랩으로 다시 싼다. 나머지 3의 랩도 벗기고 구겨놓은 알루미늄 포일로 다시 싼다〈**ⓑ**〉.

❖ 잠시 그대로 두었다가 주먹밥이 상하기 전에 식감을 비교해봅시다.

  품종에 따라 다르지만 한 알의 쌀(볍씨)에서 싹이 나면 6~10갈래의 줄기로 갈라지고, 거기에서 나오는 벼 이삭에 보통 80~100알의 볍씨가 열린다고 합니다. 1알이 600~1,000알 정도로 늘어나는 것이지요. 볍씨는 벼의 '종자'입니다. 우리가 먹는 것은 볍씨에서 따낸 현미, 또는 현미에서 쌀겨와 쌀눈을 제거한 백미(배젖)입니다. 배젖이란, 씨앗 안에 들어 있을 때의 싹을 말합니다.

수확한 벼. 수많은 볍씨가 맺혀 있습니다.

우리에게 익숙한 백미. 원래 쌀눈이 있던 부분이 없습니다.

싹이 돋을 때, 그리고 돋은 지 얼마 되지 않을 무렵의 영양원은 배젖에 다량 함유된 전분입니다.

전분은 포도당이 긴 사슬처럼 붙어 있는 것으로, 아밀로스와 아밀로펙틴의 두 종류가 있습니다. 포도당이 나선을 그리듯 한 줄로 이어져 있는 것이 아밀로스이고, 가지가 갈라지듯 연결된 것이 아밀로펙틴입니다. 멥쌀에 함유된 전분은 아밀로스가 15~25%이고 아밀로펙틴이 75~85%이지만, 찹쌀은 아밀로펙틴이 100%입니다(112쪽 참조).

쌀에는 아밀로스와 아밀로펙틴이 꽉 들어차 있습니다(β화 전분). 이 같은 상태의 전분은 인간이 소화시킬 수 없습니다. 그래서 물에 넣어 가열해 전분을 부드럽게 소화할 수 있는 상태로 만듭니다(α화 전분). 쌀을 물에 불려 밥을 짓는 것은 알갱이의 중심까지 물을 침투시켜 확실히 α화시키기 위해서입니다.

α화한 전분은 식으면 다시 β화되어 딱딱해집니다(노화). β화하기 쉬운 온도는 0~5℃로, 냉장실에 밥을 보관했을 때 맛이 떨어지는 이유는 전분의 노화가 진행되기 쉬운 온도이기 때문입니다. 순식간에 온도가 떨어지면 노화는 거의 진행되지 않습니다. 그래서 밥은 냉동실에 보관하는 것이 적합합니다.

생쌀의 수분량은 15% 정도인데 갓 지은 밥은 60% 정도입니다. 그래서 갓 지은 밥을 쥐어서 랩으로 싼 뒤 그대로 두면 밥에서 뜨거운 김이 나가면서 랩과 밥 사이에 물방울이 맺히고 주먹밥의 표면이 질척해집니다. 반면, 구깃구깃하게 만든 알루미늄 포일로 주먹밥을 싸면 물방울이 포일의 틈새에 맺히므로 주먹밥 자체는 질척해지지 않습니다.

주먹밥은 만들고 나서 먹기까지 사이의 시간이 긴 경우가 많아 매년 일본 내에서만 해도 수백 명의 식중독 환자가 발생하고 있습니다. 주먹밥을 먹고 식중독에 걸리는 원인은 인간의 손에도 흔히 있는 '황색포도구균' 때문입니다. 황색포도구균은 27분에 1번 분열하므로 1개의 황색포도구균이 7시간 후에는 3만 개가 넘게 증식됩니다. 온도가 높아져 수분이 많아지면 분열 속도는 더 빨라집니다.

균의 번식을 되도록 억제하기 위해선 갓 지은 밥을 랩 위에 펼쳐 수분을 날리는 방법을 추천합니다. 그런 다음 랩으로 싸면 촉촉해지고 알루미늄 포일로 싸면 살짝 꼬들해집니다. 둘 중 원하는 쪽을 선택해서 보관하면 됩니다. 다만 한 가지, 랩으로 싸든 포일로 싸든 바로 먹지 않을 경우에는 맨 손 대신 일회용 비닐장갑을 활용합시다.

전분의 변화(사진과 모식도)

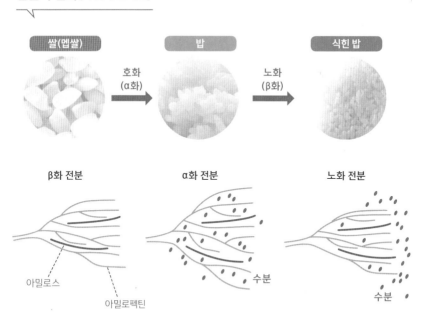

과자를 구울 때 큰 활약을 하는 베이킹파우더.
그밖에도 밀가루 반죽을 부풀리는 재료로 베이킹
소다(탄산수소나트륨, 중조)가 있지요. 베이킹파우더
와 베이킹소다는 무엇이 다를까요? 베이킹파우더가
없으면 베이킹소다를 써도 될까요? 그 차이를 정확히
알아보기 위해 찐빵을 만들어 실험해봅시다.

3-6

약
30분

베이킹파우더와
베이킹소다는
무엇이 다를까?

찐빵 만들기

준비물

주재료(베이킹소다 찐빵): 박력분(50g), 설탕(30g), 베이킹소다(1/2작은술)
주재료(베이킹파우더 찐빵): 박력분(50g), 설탕(30g), 베이킹파우더(1/2작은술)
주도구: 내열 용기(4개 정도), 볼(2개), 체(또는 체망), 랩, 건포도(8개 정도),
전자레인지

내열 용기는 틀로 사용합니다. 내열 용기에 얇은 종이 틀을 깔거나 모양이 잡혀 있는 종이를 써도 좋습니다.

순 서

1. 베이킹소다 찐빵을 만든다. 볼에 설탕을 넣고 물을 50mL 부어 잘 섞는다.
2. 박력분과 베이킹소다를 체에 치고 **1**에 넣어 섞는다(살짝 덩어리가 져도 상관없음).
3. **2**를 내열 용기 2개 정도에 나눠 붓는다. 나중에 베이킹소다가 들어 있 다는 것을 알아볼 수 있도록 건포도 등으로 장식한다.
4. 베이킹파우더 찐빵을 만든다. 베이킹소다 대신 베이킹파우더를 써서 **1~3**과 똑같이 만든다(건포도 개수 혹은 색깔을 바꾼다).
5. **3**과 **4**의 윗면을 각각 랩으로 싸서 600W 전자레인지에서 5분 가열한다.

해설 베이킹소다와 베이킹파우더의 차이

베이킹소다로 만든 찐빵은 베이킹파우더로 만든 찐빵보다 노란빛이 돕니다. 이것은 박력분에 들어 있는 플라보노이드라는 색소 때문입니다. 플라보노이드는 산성에서 중성까지는 무색이지만, 알칼리성에서는 노란색이 됩니다.

베이킹소다는 약알칼리성으로, 가열하면 탄산가스(이산화탄소)와 탄산나트륨이 됩니다. 탄산나트륨은 강알칼리성입니다. 따라서 베이킹소다로 만든 찐빵 속은 알칼리성이 되어 밀가루의 플라보노이드가 노랗게 된 것이지요. 탄산나트륨은 쓰기 때문에 베이킹소다로 만든 찐빵에선 살짝 쓴맛이 납니다.

베이킹파우더에는 탄산수소나트륨 외에도 산성제가 들어 있습니다. 탄산수소나트륨 옆에 산성 물질이 있으면 탄산가스와 중성의 물질로 변해 탄산나트륨이 생기지 않습니다. 따라서 베이킹파우더로 만든 찐빵은 알칼리성이 되지 않고 중성에 가까워집니다. 플라보노이드도 무색이 그대로 남기 때문에 흰색의 찐빵이 만들어집니다. 쓴맛도 나지 않습니다.

그러나 탄산수소나트륨과 산성제만 있으면 가열하지 않아도 반응해 탄산가스를 발생시킵니다. 보존에 적합하지 않겠지요. 그래서 베이킹파우더에는 옥수수전분 등의 차단제가 함유되어 있어 탄산수소나트륨과 산성제가 붙지 않도록 합니다. 그래도 약간은 반응이 일어나므로 오래된 베이킹파우더를 사용하면 반죽을 부풀리는 힘이 약해집니다.

베이킹소다는 식용을 사용합니다.

베이킹파우더. 캔에 든 것도 있고 비닐이나 상자에 포장된 것도 있습니다.

135

색이 변하는 팬케이크

어린 시절 여름방학 숙제로 나팔꽃 관찰을 해본 분들 많으시지요? 꽃송이가 맺혔을 때는 붉은 보라색이었다가 꽃이 피면 파랗게 되고, 지고 나면 다시 붉은 보라색으로 변하는 나팔꽃을 관찰해본 분도 계실지 모르겠네요. 같은 꽃인데 피고 질 때마다 색이 변하는 게 신기하지요.

이번에 소개할 팬케이크의 색이 변하는 과정과 나팔꽃의 변색 과정은 과학적으로 원리가 같습니다. 전혀 상관없어 보이지만 사실은 관련이 깊습니다.

참고로 나팔꽃 관찰은 '꽃이 피었으니 끝!'이라고 하기에는 아깝습니다. 꽃이 지고 씨앗을 맺을 무렵 아직 초록빛을 띨 때 씨앗의 안쪽을 확인해보세요. 그 안에 떡잎이 접힌 채 들어 있는 것을 볼 수 있답니다!

색이 변하는 팬케이크 만들기

준비물 ··

주재료: 핫케이크 믹스(150g), 달걀(1개), 우유(100mL), 블루베리(1큰술), 레몬즙(1큰술), 토핑 재료(98쪽에서 만든 버터와 과일 등 원하는 대로)

주도구: 볼(2개), 내열 용기, 프라이팬(또는 핫플레이트), 뒤집개, 전자레인지

순 서 ···

1. 볼에 핫케이크 믹스, 달걀, 우유를 넣고 잘 섞는다.

2. 내열 용기에 블루베리를 넣고 물을 1큰술 넣는다. 600W 전자레인지에 30초 가열한다.

3. 1에 2를 넣고〈ⓐ〉 균일하게 될 때까지 섞는다〈ⓑ〉.

4. 3의 절반을 다른 볼에 옮긴다.

5. 나머지 절반에 레몬즙을 넣어 섞는다〈ⓒ〉. 색을 확인한다〈ⓓ〉.

6. 각각 굽는다. 취향대로 낸다〈ⓔ〉.

❖ 달걀흰자와 노른자를 분리해 흰자는 머랭 상태로 거품을 내어 노른자, 핫케이크 믹스, 우유를 섞은 것과 합쳐〈ⓕ〉 재빨리 섞은 뒤 구우면 폭신폭신한 핫케이크가 됩니다.

블루베리의 보라색은 '안토사이아닌(20쪽 참조)'의 색입니다. 안토사이아닌은 식물이 가진 색소로 산성에서는 붉은색, 중성에서는 보라색, 알칼리성에서는 파란색으로 바뀝니다.

달걀은 알칼리성이기에 달걀이 들어간 팬케이크 반죽도 따라서 알칼리성을 띱니다. 이 반죽에 블루베리를 넣으면 안토사이아닌이 파란색으로 바뀌는데 달걀의 노른자와 섞이면서 회색빛이 도는 녹색으로 보입니다. 여기에 산성인 레몬즙을 첨가하면 안토사이아닌은 파랑에서 보라, 그리고 빨강으로 변화하지요.

그럼 안토사이아닌은 왜 산성과 알칼리성에서 색깔이 바뀌는 것일까요? 안토사이아닌은 주변의 수소이온(H^+)과 수산화물이온(OH^-)의 양에 따라 색이 변합니다.

H^+가 많은 산성 상태에서 안토사이아닌은 파란빛을 흡수하고 붉은빛을 반사하는 구조가 되므로 빨갛게 됩니다. OH^-가 많은 알칼리성 상태에서는 반대로 붉은빛을 흡수하고 파란빛을 반사하는 구조가 되므로 안토사이아닌은 파랗게 됩니다.

H^+와 OH^-의 농도를 나타내는 지표가 pH입니다. 산성은 H^+가 OH^-보다 많은 상태(pH가 7보다 작다)이고 알칼리성은 H^+가 OH^-보다 적은 상태(pH가 7보다 크다)입니다. H^+가 OH^-와 같다면 중성(pH는 7)이 됩니다. 강산성일수록 pH는 작고 강알칼리성일수록 pH는 커집니다.

모든 수용액은 pH를 측정함으로써 산성인지, 중성인지, 알칼리성인지 대략 알아볼 수 있습니다.

3-8
촉촉한 쿠키와
바삭한 쿠키

약 반나절

꿀벌은 꽃이 있는 곳을 동료들에게 알려주기 위해 꽃을 발견한 뒤 벌집으로 돌아가 춤을 춥니다. 꽃이 가까이 있을 때는 원을 그리듯 춤추고, 꽃이 멀리 있을 때는 8자를 그리듯 춤춘다고 합니다. 춤의 빠르기는 꽃에 있는 꿀의 양을 나타내고 춤의 방향은 꽃의 위치와 태양의 각도를 나타낸다고 하네요. 대단하지요.

꽃의 꿀을 모으는 일벌은 모두 암컷입니다. 유충에서 성충이 되었을 때 잠시 유충을 돌보면서 벌집 안에서 일을 합니다. 최후의 역할은 꿀을 모으는 것으로 꽃이 많이 피어 바쁠 때는 일벌의 수명이 짧아지고, 겨울나기를 하는 동안은 수명이 길어진다고 합니다. 왠지 딱한 구석이 있네요.

그런 일벌을 생각하면서 꿀벌 쿠키를 만들어봅시다. 이 쿠키는 그래뉼러당으로 만든 쿠키와 비교했을 때 겉으로 보기에도, 식감도 상당히 다릅니다. 어느 쪽이 어떤 모양으로 나올지 한번 예상해보세요.

쿠키 만들기

준비물
주재료: 버터(100g), 박력분(100g), 노른자(1개), 그래뉼러당(1큰술), 벌꿀(1큰술)
주도구: 볼 또는 그릇(2개), 체(또는 체망), 랩, 칼과 도마, 오븐 시트, 오븐

순 서
1. 볼에 버터를 넣고 마요네즈처럼 될 때까지 잘 푼다.
2. 1에 노른자를 넣고 더 섞는다.
3. 2의 절반을 다른 볼에 옮긴다.
4. 3의 한쪽에 그래뉼러당을, 다른 쪽에는 꿀을 넣고〈ⓐ〉섞는다.
5. 박력분을 체에 받쳐 고른 다음 4에 각각 절반씩 넣는다. 대충 섞어둔다.
6. 5의 반죽을 각각 직경 3cm 정도의 둥근 막대처럼 만들어 랩으로 씌운 다음〈ⓑ〉냉장고에 1시간 정도 식힌다.
7. 6을 1cm가 조금 안 되는 두께로 잘라 오븐 시트를 깐 오븐 팬 위에 올린다〈ⓒ〉. 150℃로 예열한 오븐에서 20분 정도 굽는다.
8. 오븐에서 꺼내(뜨거우므로 주의) 그대로 식을 때까지 둔다〈ⓓ〉. 눈으로 보면서 맛을 보고 나머지는 하룻밤 두었다가 확인해본다.

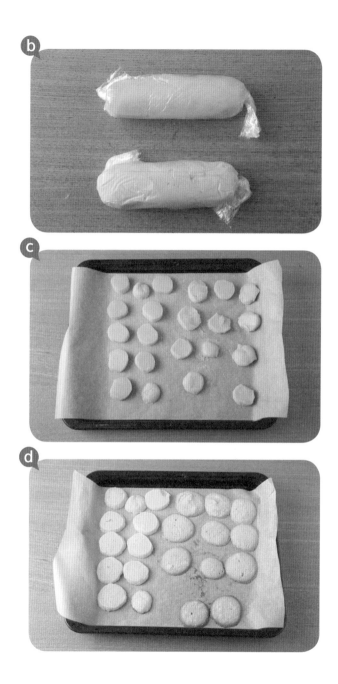

143

벌꿀을 넣은 쿠키는 그래뉼러당을 넣은 쿠키보다 진한 갈색을 띱니다. '꿀에 색이 있으니까 그런 거 아닌가?' 하고 생각할 수도 있지만 굽기 전보다 훨씬 진한 갈색이 되지요. 무엇보다 다른 점은 하룻밤이 지난 다음의 식감입니다. 꿀을 넣은 쿠키는 촉촉하고 그래뉼러당을 넣은 쿠키는 바삭할 것입니다.

꿀은 벌이 꽃의 꿀을 모은 것인데, 꽃에 있는 꿀과는 성분이 다릅니다. 꽃의 꿀은 대부분이 자당으로 되어 있습니다. 벌은 꽃의 꿀을 빨아들인 다음, 체내에서 분비액과 섞어 벌집 안에 저장합니다. 분비액에는 자당을 과당과 포도당으로 분해하는 효소가 들어 있어 벌집 안에 저장하는 동안 자당의 분해가 진행됩니다. 그 결과 벌꿀의 성분은 과당과 포도당이 대부분이 되고, 자당은 수 퍼센트에 불과하게 됩니다.

꽃의 꿀을 모으는 일벌

과당과 포도당은 박력분의 아미노산과 반응해 '멜라노이딘'이라는 갈색 물질을 만듭니다(멜라노이드 반응). 빵을 구운 색, 고기를 구운 색처럼 식품을 가열했을 때 갈색이 되는 것은 멜라노이딘 때문인 경우가 대부분이지요.

 한편 과당은 흡습성이 매우 높은 물질입니다. 과당과 포도당이 많은 벌꿀을 쓴 쿠키는 멜라노이딘이 많이 생겨 갈색이 되고, 하룻밤 두면 수분을 흡수해서 촉촉해집니다. 반면 그래뉼러당의 성분은 자당이 99.95%이지요. 그래서 멜라노이딘이 만들어지기 어려운 것입니다. 게다가 자당은 흡습성도 낮기 때문에 그래뉼러당을 넣은 쿠키는 흰빛을 띠고 하룻밤이 지나도 바삭바삭하지요.

멜라노이딘은 멜라노이드 반응으로 생긴 갈색 색소로 알려져 있습니다. 빵과 고기를 구울 때 나타나는 색, 양파를 볶을 때 나오는 캐러멜색, 배전한 커피 원두의 색 등으로 친숙하지요.

큼직하고 넓적한 접시 혹은 쟁반

실험에 직접 사용하지 않더라도 큼직하고 넓적한
접시 혹은 쟁반을 하나 마련해두면 요리를 들어서
옮길 때나 관찰할 때 유용하답니다.

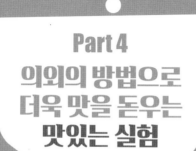

Part 4

의외의 방법으로
더욱 맛을 돋우는
맛있는 실험

4-1

🕐 약 1시간

먹어보고 싶은 백 퍼센트 메밀국수

메밀가루는 마디풀과 메밀속의 메밀이라는 식물의 열매를 돌절구 혹은 기계로 빻아 분말로 만든 것입니다. 메밀은 청량하고 건조한 땅에서 자랍니다. 쌀농사를 짓지 못하는 땅에서도 수확할 수 있고 냉해에 강하며 생육 기간도 짧기 때문에 기근에 대비해 비축하는 식량이 되었다고 합니다.

일본인 중에는 취미로 수타 메밀국수 만들기를 하는 경우도 꽤 많습니다. 재료와 준비물이 적으니 도전하기도 쉽고요. 하지만 메밀가루와 물만

으로 만드는 '백 퍼센트 메밀국수'는 잘 반죽해서 삶더라도 뚝뚝 끊어집니다. 끊어지지 않게 삶으려면 상당한 연습이 필요합니다. 그래서 이를 대신해 국수에 탄력을 주는 밀가루(중력분 또는 강력분)를 넣은 28메밀국수(우동가루와 메밀가루의 비율이 2:8인 국수—옮긴이)나 19메밀국수(우동가루와 메밀가루의 비율이 1:9인 국수—옮긴이)를 더 많이 만듭니다.

하지만 오랜 연습 없이도 백 퍼센트 메밀국수를 만들 방법이 있습니다. 크게 실패할 일은 거의 없으니 꼭 한번 도전해보세요.

백 퍼센트 메밀국수 만들기

준비물 ··

주재료: 메밀가루(100g), 수타용 밀가루(적당량, 메밀가루와 강력분 등)

주도구: 냄비(큼지막한 것), 볼, 분무기, 밀대, 칼과 도마

순 서 ··

1. 볼에 메밀가루를 담는다.

2. 분무기에 물을 50mL 담아 **1**의 메밀가루에 조금씩 뿌리면서〈**ⓐ**〉 반죽한다.

3. 작은 덩어리가 생기다가〈**ⓑ**〉 하나의 덩어리가 될 때까지 반죽한다〈**ⓒ**〉. 2분간 반죽한다.

4. 밀가루를 뿌린 작업대에 **3**을 올리고 밀대로 얇게 펴서 가늘게 썬다.

5. 냄비에 물을 넉넉히 받아 끓이고 **4**를 삶는다. 다 익으면 찬물로 헹궈 물기를 뺀다.

❖ 완성되면 우선 그대로 어떻게 만들어졌는지 확인해봅시다. 국수 삶은 물이나 간장을 취향대로 곁들여도 좋습니다〈**ⓓ**〉.

백 퍼센트 메밀국수 만들기가 어려운 이유

우동은 밀가루의 글루텐으로 인해 점성이 생기고 면이 되었지요(80쪽 참조). 그럼 메밀가루에도 글루텐이 있을까요? 메밀가루에는 단백질이 12% 정도 들어 있는데 글리아딘과 글루텐은 함유되어 있지 않아 '글루텐 프리' 재료라고 불립니다.

메밀가루의 단백질의 대부분을 차지하는 것은 알부민과 글로불린입니다. 이 가운데 알부민은 물에 녹아 점성을 띱니다. 메밀가루가 뭉쳐지는 이유는 알부민이 물에 녹았기 때문입니다. 물이 있으면 그곳에 알부민이 녹아 있다가 뭉쳐지기 때문에 수타 메밀국수는 물이 가루의 넓은 면적에 닿도록 하는 것이 포인트입니다.

결국, 핵심은 너무 많지 않은 물을 가루 전체에 골고루 넣고 반죽하는 재빠른 손놀림입니다. 이 기술은 '미즈마와시(가루를 손으로 비벼서 반죽하는 기술—옮긴이)'라고 불리며, 메밀국수 수타 수련에는 '미즈마와시 3년, 반죽 펴기 3개월, 썰기 3일'이라는 말이 있을 정도입니다. 이 첫 과정이 어려

난이도가 높은 미즈마와시 작업. 타이밍이 살짝 어긋나거나 힘 조절이 조금만 달라져도 반죽의 완성도가 달라집니다.

워 초보자들은 흉내 내기가 쉽지 않은데, 반죽이 뭉쳐지지 않는 것이 큰 원인이라고 합니다. 그러나 분무기를 사용해 작은 물방울로 물을 넣으면 메밀가루 전체에 물이 흡수되면서 가루가 잘 뭉칩니다.

참고로 알부민은 물에 잘 녹는 성질이 있어서 국수를 삶는 동안 계속 녹습니다. '메밀국수 삶은 물에 영양가가 있다'고 하는 이유이지요.

백 퍼센트 메밀가루 국수는 메밀의 맛을 즐길 수 있지만, 점성이 적어 가늘게 썰기가 어렵습니다. 글루텐이 없어서 식감 또한 거칠게 느껴지는데, 그래서 먹기 힘들다고 느끼는 사람들도 있고 오히려 그런 맛을 즐기는 사람들도 있습니다.

28메밀국수처럼 점성을 내는 밀가루를 넣으면 반죽하는 단계에서 글루텐이 만들어져 점성이 강해지므로 수분 유지도 쉽습니다. 식감도 부드럽고 쫄깃쫄깃합니다. 지방에 따라서는 밀가루 대신 다른 것을 쓰기도 합니다. 니가타현의 우오누마 지역에서는 해조류인 청각채를 넣은 메밀국수가 특산품이라고 하네요.

헤기 메밀국수. '헤기'라 불리는 네모난 그릇에 한입 크기로 면을 담아서 냅니다. 청각채를 넣어 탄력이 있는 국수라서 이렇게 담을 수 있습니다.

4-2

⏰ 15분 이내

풋콩을 정말 맛있게 데치는 방법

여름철 먹거리 하면 무엇이 먼저 떠오르시나요? 빙수, 냉면 등이 있겠지만 채소에 한정한다면 수박, 옥수수, 풋콩 등을 꼽을 수 있을 것입니다.

풋콩은 대두의 싹을 키워 아직 파랄 때 수확한 것입니다. 콩에는 풋콩으로 먹기에 적합한 품종, 두부의 재료로 쓰기에 적합한 품종 등이 있지만 모두 콩과의 '대두'라는 식물의 종자라는 것이 공통점입니다. 가장 큰 차이점은 수확 시기입니다.

풋콩은 단백질이 풍부해 안줏거리로도 훌륭한 음식입니다. 삶으면 단맛이 생겨 일본에서는 간식으로도 사랑받고 있습니다. 풋콩을 맛있게 데치는 법에 대해서는 텔레비전이나 인터넷 등에서 많이 알려주기도 하지요. 이번 실험에서 각자 자신만의 과학적인 방법을 찾아보도록 합시다.

풋콩 데치기

준비물

주재료: 풋콩 500g❖

주도구: 내열 용기, 냄비, 전자레인지

❖ 250g을 준비해 전부 아래 순서의 2 또는 3 가운데 원하는 하나를 시험해봐도 좋습니다 (차이점은 다음 쪽 참조).

순 서

1. 풋콩을 분리해 손질한다.

2. 냄비에 물을 1L 끓인다. 끓는 도중에 1 의 절반을 넣고 4~5분 동안 데친다.

3. 1의 나머지를 내열 용기에 넣고〈ⓐ〉랩 을 씌운다. 600W 전자레인지로 5분 가 열한다.

옥수수 삶기

위와 같은 실험을 옥수수로도 할 수 있답 니다. 우선 껍질을 1~2장 남기고 나머지 는 다 벗깁니다. 냄비를 써서 삶을 때는 냄 비에 넣고 잠길 정도로 물을 부은 뒤 끓인 다음 3분간 가열합니다. 전자레인지로 할 때는 600W의 경우 3분간 가열합니다.

옥수수는 껍질을 벗기는 편이 삶기 쉽습니다.

풋콩은 아침 일찍 수확합니다. 해가 뜨면 기온이 따뜻해져 풋콩의 호흡이 활발해지면서 축적한 당분을 소비해버리기 때문입니다. 수확 후에는 당분을 만들어낼 수 없으므로 당분은 계속 줄어듭니다. 하루만 지나도 당분은 수확 시의 절반으로 떨어집니다. 그래서 신선도가 생명인 것이지요.

그렇다면 가열할 때 일어나는 변화를 살펴볼까요? 풋콩의 성분은 수분 70%, 탄수화물 5%, 단백질 12%, 지질 6% 정도입니다. 탄수화물의 대부분은 전분 상태입니다. 전분은 아밀레이스라는 효소에 의해 맥아당으로 분해됩니다. 열을 가하면 아밀레이스가 작용하면서 전분이 분해되어 맥아당이 생기지요. 전분은 아무 맛이 없지만 맥아당은 달기 때문에 가열 후의 풋콩에서 단맛이 나는 것입니다.

데치는 것도 전자레인지를 쓰는 것도 목적은 똑같이 '가열'하는 것입니다. 물에 데칠 때는 풋콩이 수분을 잃지 않고 대신 다른 수분이 빠져나갑니다. 전자레인지로는 풋콩의 수분은 잃게 되지만 다른 수분이 그대로 남아 있습니다. 익은 콩이 볼록해지는 것이 좋으면 물에 데치고, 특유의 진한 풍미를 좋아하면 전자레인지로 익히는 등 취향대로 해보면 좋겠지요.

참고로 풋콩을 데친 다음 신선한 녹색을 유지하기 위해 찬물로 씻는 방법도 있습니다. 풋콩의 초록색은 주로 클로로필의 영향을 받아 생긴 것입니다. 클로로필은 물에 잘 녹지 않으나 고온이 계속되면 변색됩니다. 그런데 찬물로 씻으면 변색을 막을 수 있습니다. 하지만 수용성 감미 성분 등이 빠져나간다는 단점은 있습니다. 그러니 물기 없이 식혀서 먹고 싶다면 물로 씻어내지 말고 실온에 두고 부채 등을 써서 식히는 것이 좋습니다.

4-3 몇 분 안에 단단해지는 신기한 두부 만들기

칼로리가 낮으면서도 단백질이 풍부해 다이어트에 든든한 친구가 되어주는 대표적인 음식이 바로 두부입니다. 단백질이라고 하면 흔히 고기나 생선에 풍부하게 있을 거라 여기면서 채소나 곡물에는 별로 없을 거라고 생각하는 경우가 많습니다. 실제로 쌀에 함유된 단백질의 양은 100g당 2.5g에 불과합니다. 하지만 두부의 주원료인 대두에는 100g당 33g이나 되는 단백질이 들어 있답니다.

대두 같은 콩류에 단백질이 풍부한 이유는 뿌리에 기생하는 뿌리혹박테리아(근류균) 덕분입니다. 단백질을 만들기 위해서는 질소가 필요합니다. 뿌리혹박테리아는 콩과식물의 뿌리에 살면서 공기 중의 질소를 고정시켜 질소 화합물로 만들어 뿌리 곳곳을 혹처럼 크게 살찌우는 세균입니다. 공기 중의 질소를 가져와 다른 화합물로 바꿔주는 것은 현재의 과학기술로도 매우 어려운 일입니다. 그렇게 생각하면 뿌리혹박테리아는 참 대단하지요!

콩을 물에 담그거나 가열하여 가용성 단백질 등을 추출한 것이 두유입니다. 이 두유를 굳힌 것이 두부이고요. 일반두부냐 순두부냐에 따라서 제조 방식은 각기 다르지만, 응고제 역할을 하는 물질을 두유에 넣어 틀로 찍어낸다는 점은 같습니다. 무엇을 어떻게 넣는 걸까요? 간단한 손두부 만들기에 도전해봅시다.

간단한 두부 만들기

준비물

주재료: 무첨가 두유(300mL), 간수(3mL)

주도구: 볼, 내열 용기(약 100mL짜리 4개 정
도), 랩, 전자레인지

쓰는 재료는 단 두 가지입니다. 두유
는 대두 고형분을 많이 함유한 제품
이 두부 만들기에 적합합니다.

 두유가 굳는 이유

두유를 데우는 것만으로는 표면에 막은 생기지만 안쪽까지 응고되지는
않습니다. 그러나 간수를 넣으면 안쪽까지 굳어지는데, 왜 그럴까요?

간수는 바닷물로 소금을 만들고 나서 남은 액체로, 염화마그네슘이 주
성분입니다. 염화마그네슘은 물속에서는 마그네슘이온(Mg^{2+})과 염화이온
(Cl^-)으로 나뉘어 있습니다. 마그네슘이온은 2가의 양이온으로 다른 음이
온과 잡을 수 있는 두 개의 '손' 같은 것을 가지고 있습니다. 대두에 함유
된 주요한 단백질인 글리시닌에는 아미노산인 글루타민산이 많이 함유되
어 있습니다. 글루타민산은 물속에서는 음이온이 되는 카복실기(COO^-)를
가지고 있지요. 간수 속의 마그네슘이온은 두 개의 카복실기와 손을 잡을
수 있어 단백질-마그네슘이온-단백질 식으로 차례차례 단백질끼리 계속
연결됩니다.

그렇다면 소금으로도 두부를 만들 수 있을까요? 소금은 염화나트륨으

순 서

1. 볼에 두유와 간수를 넣고 기포가 생기지 않도록 천천히 젓는다.

2. 내열 용기에 **1**을 나누어 넣고 랩을 씌운다.

3. **2**를 600W 전자레인지로 3분간 가열한다.

4. 꺼내어 보고 굳어 있지 않다면 10초 더 가열한다.

5. 굳을 때까지 **4**를 반복한다. 굳어지면 식을 때까지 랩을 씌운 채로 냉장고에서 식힌다.

로, 물속에서는 나트륨이온(Na^+)과 염화이온(Cl^-)으로 나뉩니다. 나트륨이온은 대두의 단백질과 연결되지만 손이 하나밖에 없기 때문에 하나만 잡으면 끝이지요. 단백질을 차례로 달라붙게 만들려면 손 두 개를 가진 2가의 양이온이 필요합니다.

마그네슘이온과 두 개의 카복실기(모식도)

슈퍼마켓에서 파는 메추리알을 사와 집에서 따뜻하게 해줬더니 부화했다는 뉴스가 있었습니다. 그럼 달걀도 부화할 가능성이 있는 걸까요? 메추리는 성장해도 암수 구별이 어렵기 때문에 알을 낳는 암컷만 키우는 줄 알고 있다가 나중에 수컷도 키우고 있는 것을 알게 되는 경우가 많습니다. 그래서 유정란을 낳는 사례도 있는 모양입니다.

그러나 닭의 수컷은 성장하면서 벼슬이 자라기 때문에 눈으로만 봐도 바로 구분할 수 있습니다. 하지만 병아리일 때는 눈으로만 봐서는 암수 구별이 몹시 어려워 병아리감별사가 그 일을 도맡아 해냅니다. 그들은 갓 태어난 병아리의 항문 돌기 형태를 바탕으로 암수를 구별합니다. 감별사의 손을 거쳐 알을 낳기 위해 길러지는 병아리 중에는 거의 암컷만 남게 됩니다. 그 후 성장하여 알을 낳을 무렵에는 벼슬로 암수를 정확히 구분할 수 있기 때문에 수컷은 모두 데려갑니다. 따라서 시판되는 달걀은 모두 무정란이며 품어도 부화하지 않습니다.

수컷을 생각하면 복잡한 기분이 들긴 하지만, 달걀은 역시 우리 인간에게 매우 친숙하고 여러 가지 방법으로 요리할 수 있는 재료임은 틀림없습니다. 기차역의 매점이나 편의점, 호텔 조식당 등에서 자주 볼 수 있는 삶은 달걀도 그 가운데 하나이지요. 그런데 삶은 달걀에 간이 배어 있는 경우도 있답니다. 달걀 껍데기에서 무슨 일이 벌어진 것일까요?

간이 배어 있는 삶은 달걀 만들기

준비물 --

주재료: 달걀(1개), 소금(3큰술)

주도구: 지퍼백(열에 강한 것), 냄비

순 서 --

1. 지퍼백에 소금을 넣고 물을 100mL 붓는다. 잘 섞는다(소금은 다 녹지 않
   아도 된다).

2. 냄비에 물을 끓여 달걀을 넣고 삶는다. 반숙 또는 완숙, 취향대로 익힌다.

3. 다 삶은 달걀을 뜨거울 때 1에 넣는다〈ⓐ〉. 식으면 지퍼백 그대로 냉장
   고에 2~3시간 둔다. 껍데기를 벗긴다〈ⓑ〉.

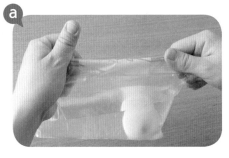

물고기와 새의 알 사이에 큰 차이점은 껍데기(난각)가 있느냐 없느냐입니다. 물고기의 알에는 껍데기가 없습니다. 물속에 있으니 건조될 우려가 없기 때문이지요. 그러나 새의 알은 다릅니다. 육상에 있는 알은 그대로 두면 말라버립니다. 그런 현상을 막기 위해 새의 알은 딱딱한 껍데기에 싸인 채로 태어나게 되었습니다.

노른자(난황)는 병아리가 되기 위해 쓰이는 영양분으로, 단백질과 지방이 많이 함유되어 있습니다. 흰자(난백)는 부화 도중에 병아리를 지키는 쿠션 같은 역할을 합니다. 대부분이 수분이며 단백질이 10% 정도 들어 있지요. 이와 같은 성분의 차이에 따라 노른자와 흰자는 응고되는 온도가 다릅니다. 노른자는 65~70℃, 흰자는 70~80℃에서 굳습니다. 이 온도 차를 이용해 만드는 것이 온천 달걀(온센 다마고)입니다. 65~70℃의 열을 계속 가하면 노른자는 굳지만 흰자는 굳지 않고 반(半)응고 상태가 됩니다.

주성분이 탄산칼슘인 껍데기에는 달걀의 안팎으로 가스를 교환하기 위한 작은 구멍이 1만 개 이상 뚫려 있습니다. 달걀 껍데기의 안쪽에는 얇은 난막이 있습니다. 이 난막에는 반투성이라고 해서, 큰 분자는 통과시키지 못하지만 작은 분자나 이온은 통과시키는 성질이 있지요. 반투성이 있는 막 안팎의 물질 농도가 다른 경우에는 안팎의 농도가 같아지도록 물질이 이동합니다. 바깥쪽의 염분농도가 진하면 안쪽으로 염분이 이동하는 것이지요. 열을 가하면 난막은 물질을 통과시키기 쉽도록 변합니다.

이 실험은 진한 소금물에 담근 삶은 달걀의 껍데기를 염분이 뚫고 난막을 파고들어 안쪽까지 간이 배게 되는 원리를 활용했습니다.

점성을 주는 재료
없이 햄버그스테이크
에 도전해보자

음식에는 그 나라의 지리적 사정이 반영되어 있습니다. 바다에 둘러싸인 일본에서는 생선 가공품이 많이 생산되고, 숲이 많은 독일에는 육류 가공품이 많습니다. 선지를 넣은 블러드소시지, 소의 혀로 만든 소시지 등도 판매되고 있습니다.

햄버그스테이크의 어원은 독일어 함부르크(Hamburg)에서 왔습니다. 독일 함부르크 지방에서는 육류의 질긴 부분을 잘게 다져서 구워 먹었는데, 이것을 미국으로 이민 간 사람들이 만들어 먹은 덕분에 전 세계적으로 널리 알려졌다고 합니다.

햄버그스테이크는 일본의 가정집에서도 다짐육에 빵가루, 우유, 달걀을 넣어 만들어 먹는 경우가 많습니다. 빵가루, 우유, 달걀은 점성을 주는 재료인데, 재료끼리 서로를 연결하는 힘이 강한 것은 그중에서도 달걀입니다. 가열하면 응고되는 성질이 있기 때문입니다. 그러나 서양에서는 이것들을 사용하지 않고 고기와 또 한 가지 재료로 햄버그스테이크를 만드는 경우가 많다고 합니다. 대체 무엇일까요?

점성을 주는 재료 없이 햄버그스테이크 만들기

준비물

주재료: 다짐육(소고기 또는 돼지고기 150g), 소금(다짐육의 1% 중량, 1/4작은술 정도), 후추(약간), 너트메그(약간)

주도구: 볼, 프라이팬, 프라이팬 뚜껑, 뒤집개

순 서

1. 볼에 다짐육, 소금, 후추, 너트메그를 넣어 점성이 생길 때까지 손으로 잘 섞는다〈**ⓐ**〉. 평평하게 펴서 타원형으로 모양을 만든다.

2. 프라이팬에 기름을 두른 다음 불을 켜고 1을 2분간 굽는다. 뒤집은 다음 프라이팬 뚜껑을 덮고 약불로 7~8분간 굽는다. 불을 끈다.

❖ 완성된 햄버그스테이크를 우선 관찰해본 다음, 원하는 소스를 뿌리거나 삶은 채소를 곁들여 먹으면 좋습니다.

우리가 먹는 육류는 동물의 몸을 움직이는 근육인 '골격근'을 숙성시킨 것을 말합니다. 골격근은 약 70%가 수분이고 약 20%가 단백질입니다. 골격근의 단백질에는 수십 종류가 있지만, 가장 많은 것이 마이오신입니다. 마이오신은 액틴이라는 단백질과 함께 근육을 수축시키는 작용을 담당하고 있습니다.

마이오신은 분자의 머리 부분이 둘로 나뉘어 있는데, 그 뒤로 길게 연결된 사슬이 커다란 단백질입니다. 무순 같은 모양을 하고 있지요. 마이오신은 물에는 녹지 않지만 소금물에는 녹습니다. 따라서 다짐육에 소금을 넣고 반죽하면 마이오신 분자가 녹기 시작합니다. 마이오신 분자끼리 덩어리지기 때문에 점성이 생기는 것이지요. 열을 가하면 더욱 강하게 얽히고 그 안에 수분이 가둬져 탄력 있는 고기 경단이 됩니다. 점성을 주는 재료를 넣지 않고도 햄버그스테이크를 만들 수 있었던 것은 이 때문입니다.

마이오신, 액틴과 근육의 구조(모식도)

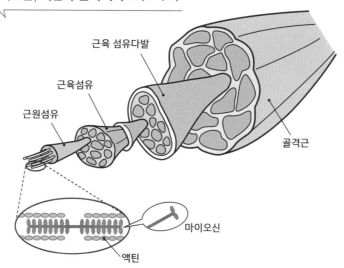

근육 섬유다발

근육섬유

근원섬유

골격근

마이오신

액틴

▌칼럼▐ 소시지와 햄에 아질산나트륨을 첨가하는 이유

일본의 소금은 바닷물로 만들지만 독일의 소금은 암염으로 만듭니다. 암염에는 질산 성분이 들어 있습니다. 이 질산 성분이 고기와 반응하여 아질산나트륨이 됩니다. 우리가 먹는 육류에 함유된 마이오글로빈은 아질산나트륨과 반응해 나이트로소마이오글로빈이 되고 가열하면 나이트로소마이오크로모젠이 됩니다. 나이트로소마이오크로모젠은 예쁜 분홍색을 띠는데, 이것이 햄과 소시지의 색이지요. 질산 성분을 함유하지 않은 바닷물로 만들면 분홍색이 되지 않습니다.

아질산나트륨은 색을 바꾸는 작용 외에도 중요한 역할을 합니다. 가공육에는 매우 독성이 강한 보툴리누스균이 번식할 가능성이 있습니다. 그런데 여기에 아질산나트륨을 첨가하면 보툴리누스균의 번식을 막을 수 있

햄과 소시지를 만들 때 암염을 사용하면 맛있어 보이는 색이 되고 풍미가 좋아진다는 사실은 고대 유럽에서도 알려져 있었다고 합니다. 현재는 발색제로 아질산나트륨, 질산칼륨, 질산나트륨이 쓰입니다.

습니다. 또한 햄과 소시지 특유의 풍미를 만들어내기도 합니다.

아질산나트륨 자체의 독성 때문에 불안해하는 이들을 위해 이를 넣지 않은 '무첨가 햄'도 판매되고 있습니다. 아질산나트륨을 쓰지 않아서 색은 분홍색이 아닙니다.

우리가 채소를 먹을 때는 채소가 가진 질산나트륨이 체내에서 아질산나트륨으로 변화합니다. 이 아질산나트륨의 양에 비하면 햄과 소시지로부터 섭취하는 아질산나트륨의 양은 훨씬 적습니다. 첨가물, 오염물질에 관하여 과학적 데이터를 기반으로 위험 평가를 실시하는 세계적 기관 FAO/WHO 합동식품첨가물전문가위원회(JECFA)는 아직까지 채소 유래의 아질산나트륨 섭취와 발암 위험 사이의 관련 여부를 밝힌 적이 없습니다.

우리가 먹는 고기가 단순히 죽은 동물의 골격근은 아닙니다. 동물이 죽고 나서 얼마간 시간이 지나면 사후경직이 일어납니다. 이때는 마이오신과 액틴이 세게 결합해 있어 매우 질긴 상태입니다. 그후 5℃ 정도에서 잠시 숙성시키면 마이오신과 액틴이 떨어지면서 다양한 단백질이 분해되어 아미노산과 펩티드가 늘어나게 되지요.

가축의 장에는 캄필로박터와 장관 출혈성 대장균 등 식중독을 유발하는 세균이 있습니다. 아무리 주의 깊게 처리해도 고기에 세균이 번식하는 것을 없앨 수는 없습니다. 다만 이런 세균은 열에 약해 요리 시 가열하면 죽습니다. 따라서 육류는 아무리 신선하더라도 가열해 먹도록 합시다.

사이가 좋지 않은 궁합 중에 가장 대표적인 것으로 물과 기름이 있습니다. 아무리 열심히 섞어도 잠시 후에는 곧바로 분리되고 맙니다. 기름때가 묻은 접시를 물로만 씻으면 깨끗해지지 않지요. 이것은 물과 기름이 섞이지 않는 성질이 있기 때문입니다.

그런데 마요네즈에는 기름과 식초가 들어가지만 섞인 상태 그대로 있습니다. 식초에는 수분이 아주 많이 들어 있는데도 마요네즈를 오래 두었더

니 층이 분리되었다는 이야기는 들어본 적이 없는 듯합니다. 왜 그럴까요?

세제를 사용하면 기름때가 없어지는 이유와 마요네즈가 분리되지 않는 이유는 같습니다. 양쪽 모두 계면활성제가 기름을 감싸 안은 채 물속으로 분산시키기 때문입니다. 계면활성제라고 하면 세제와 샴푸를 떠올리는 분들이 많겠지만 '다른 두 물질을 섞는 작용을 하는' 물질을 일반적으로 이르는 말입니다. 계면이란 '서로 다른 두 가지 물질이 접하는 면'을 말합니다.

마요네즈의 계면활성제는 달걀노른자 속의 '레시틴'입니다. 노른자가 없으면 기름과 물이 섞여 있는 마요네즈는 만들어질 수 없었을 것입니다.

마요네즈 만들기

준비물 --

주재료: 노른자(2개), 소금(1작은술), 기름(180mL), 식초(2큰술), 머스터드
(1작은술)

주도구: 볼, 거품기

순 서 --

1. 볼에 노른자, 소금, 식초, 머스터드를 넣고 잘 섞는다.

2. 1을 잘 섞으면서 기름을 조금씩 넣는다(10번 정도 나눠서 넣거나 ⓐ처럼 두
   사람이 함께 넣어도 좋다).

❖ 식초와 노른자가 섞이지 않으면 실패하게 되므로 맨 처음에 잘 섞는 것이 포인트입니다.

❖ 온도가 낮으면 잘되지 않습니다. 재료는 모두 실온에 두었다가 사용합시다.

물 분자와 기름 분자는 달라붙지 않습니다. 대다수 물질의 분자는 '물 분자에는 붙지만 기름 분자에는 붙지 않거나(수용성)', '기름 분자에는 붙지만 물 분자에는 붙지 않는(지용성)' 성질이 있습니다. 그러나 하나의 분자 안에 물 분자에 붙는 부분(친수기)과 기름 분자에 붙는 부분(친유기)을 둘 다 가지고 있는 물질도 있습니다. 이러한 물질을 앞서 말했듯이 계면활성제라고 합니다. 노른자 안에는 계면활성제 성분인 '레시틴'이 들어 있습니다.

레시틴을 물에 넣으면 물 분자에 붙는 부분이 바깥쪽, 기름 분자에 붙는 부분이 안쪽이 되어 공 모양이 됩니다. 기름 안에 넣으면 기름 분자에 붙는 부분이 바깥쪽, 물 분자에 붙는 부분이 안쪽으로 향하는 공 모양이 되지요. 물에 기름과 레시틴을 넣으면 레시틴은 기름을 안쪽으로 감싸서 물속으로 분산시킵니다. 마요네즈 재료는 식초(수분)보다 기름이 훨씬 많지만, 분자 수준에서 보면 물속에 레시틴에 싸인 기름이 떠 있는 상태입니다.

하나의 분자에 친수기와 친유기를 가진 것은 모두 계면활성제이고, 우리의 체내에도 다수 존재합니다. 레시틴 또한 노른자뿐만 아니라 우리 몸 안의 세포에도 들어 있습니다. 레시틴 없이는 영양분의 운반과 흡수, 노폐물 배출이 불가능합니다.

마요네즈의 구조(모식도)

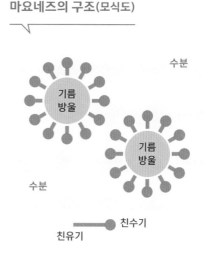

175

4-7

커다란 푸딩 만들기에 도전!

약 30분

푸딩을 좋아해서 '엄청나게 큰 푸딩을 직접 만들어 먹고 싶다!'고 생각한 적 있나요? 푸딩은 달걀, 설탕, 우유만 있으면 만들 수 있긴 하지만, 막상 만들고 나면 전체에 구멍이 송송 뚫려버려서 푸석푸석한 푸딩이 되는 경우가 많아 집에서 만들기가 주저되는 것도 사실이지요. 하지만 압력솥을 쓰면 간단하게 커다란 푸딩을 만들 수 있답니다.

커다란 푸딩 만들기

준비물 --

주요 푸딩 재료: 달걀(2개), 우유(300mL), 설탕(60g), 바닐라에센스(2~3방울)

주요 캐러멜소스 재료: 설탕(2큰술), 물

주도구: 내열 용기(큼지막한 것), 볼, 체(또는 체망), 내열 컵, 압력솥, 전자레인지

❖ 재료가 모두 들어갈 만한 크기의 내열 용기와 내열 용기가 들어갈 수 있는 크기의 압력솥을 준비합니다. 압력솥은 가열 후 압력이 가해지는 타이밍을 알 수 있는 압력표시 핀이 있는 것을 추천합니다.

순 서 --

1. 캐러멜소스를 만든다. 내열 용기에 설탕을 넣고 물을 1큰술 넣는다〈ⓐ〉. 600W 전자레인지로 1분간 가열한다〈ⓑ〉. 캐러멜 상태가 되지 않았다면 10초 더 가열한다.

2. 푸딩을 만든다. 볼에 달걀을 깨뜨려 넣고 흰자를 자르듯이 섞는다. 우유 100mL를 넣고 젓는다.

3. 남은 우유(200mL)와 설탕을 내열 컵에 부어 전자레인지로 40초 정도 가열한다. 가열 후 잘 저어 설탕을 녹인다.

4. 2에 3과 바닐라에센스를 넣는다.

5. 4를 체에 거르면서 캐러멜소스가 굳은 1 위에 붓는다〈ⓒ〉.

6. 압력솥에 5를 넣고 내열 용기의 절반 정도까지 물을 넣는다〈ⓓ〉.

7. 불에 올린다(압력을 설정할 수 있는 경우는 저압도 괜찮다). 압력이 가해지면(ⓔ의 압력표시 핀이 올라가면), 바로 불을 끄고 압력과 온도가 내려갈 때까지 그대로 둔다.

❖ 캐러멜소스를 만들 때 설탕물에 색이 돌기 시작하면 단숨에 캐러멜화됩니다. 열을 너무 많이 가하면 타버리므로 주의해야 합니다.

❖ 냄비의 뚜껑을 열고 푸딩이 굳어 있지 않은 듯하면 다시 한 번 가열합니다.

❖ 꺼내어 내열 용기 그대로〈**f**〉먹어도 됩니다. 커다란 접시에 대고 용기를 뒤집어 푸딩을 꺼내도 좋습니다.

　푸딩에 구멍이 송송 뚫리는 이유는 무엇일까요? 달걀의 단백질은 70℃ 부근에서 굳습니다. 더 가열하면 수분이 증발해 굳어진 단백질을 뚫고 밖으로 나옵니다. 달걀이 들어 있는 푸딩 재료를 단백질이 굳은 다음에는 수분을 증발시키지 않는 것이 구멍이 뚫리지 않는 비결입니다.

　압력솥을 쓰면 수분이 증발하는 온도가 100℃보다 높아집니다. 따라서 단백질이 굳기 시작하고부터 수분이 증발하기까지의 시간이 길어져 단백질이 제대로 굳습니다.

　가압 핀이 올라갔다는 것은 수분이 증발했다는 뜻입니다. 그 후 압력솥에서 쉭쉭 하고 소리가 날 정도가 되었는데도 계속 가열하면 구멍이 송송

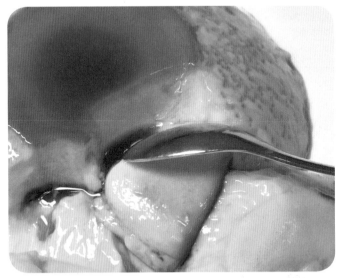

이번 실험과 같은 과정으로 만든 푸딩은 표면은 매끈하지 않더라도 안에 구멍이 뚫리지는 않습니다.

뚫립니다. 그러니 이때 불을 끄는 것이 중요합니다.

압력솥은 뚜껑을 덮은 채 두면 온도가 천천히 떨어집니다. 굳어지지 않은 단백질도 이 사이에 응고되고 수분은 증발하지 않기 때문에 구멍이 뚫리지 않는 것이지요.

커다란 그릇에 푸딩을 만들면 중심부까지 열이 잘 전달되지 않습니다. 따라서 안에는 구멍이 생기지 않지만 표면부에는 생길 가능성이 높습니다. 작은 용기에 조금씩 덜어서 푸딩을 만들면 표면에도 구멍이 생기지 않습니다.

부드러운 푸딩을 만들기 위해서는 설탕도 필요합니다. 단백질은 가열을 하면 굳어지지만 설탕의 양에 따라 응고되는 정도가 달라집니다. 설탕이 많을수록 부드러워지지만 설탕의 농도가 푸딩 재료의 30%를 넘으면 몽글몽글한 젤 상태로 남아 고체가 되지 않습니다.

더 부드러운 풍미의 푸딩을 만들고 싶다면 노른자의 비율을 늘려서 만들면 됩니다. 흰자의 단백질은 단단하게 굳고 노른자의 단백질은 부드럽게 굳기 때문입니다.

부드러운 풍미의 푸딩을 만드는 방법으로, 가열을 너무 많이 하지 않고, 노른자의 비율을 조절하고, 마요네즈를 조금 넣는 것(유화된 기름과 식초가 단백질의 결합을 느슨하게 함) 등이 알려져 있습니다.

▍칼럼 ▍ 카레는 왜 이튿날 먹어야 맛있을까?

카레는 갓 만든 것보다 이튿날에 먹으면 더 맛있지요. 첫 하루 동안 어떤 변화가 일어나는 걸까요?

카레가루에는 밀가루가 들어 있어 그 전분 때문에 되직하게 완성됩니다. 채소와 고기 등의 건더기를 부드럽게 끓인 다음에 카레 가루를 넣기 마련인데, 되직한 카레소스의 맛이 건더기 속까지 배기가 힘듭니다. 건더기 안의 수분이 가열하면서 팽창해 세포 바깥으로 나간 상태이기 때문입니다.

불을 끄면 카레소스는 건더기보다 빨리 식습니다. 식히는 과정에서 온도가 높은 건더기에서 온도가 낮은 소스 쪽으로 수분과 함께 아미노산, 당류 등의 성분이 스며나갑니다. 이 성분 덕분에 소스에 감칠맛이 생깁니다.

한번 전체적으로 식힌 뒤 다시 데우면 건더기보다 카레소스가 빨리 데워지기 때문에 수분이 빠져나간 건더기에 소스가 잘 스며들게 되지요. 이튿날 먹는 카레가 맛있는 것은 감칠맛이 늘었기 때문이기도 하고 건더기에 소스가 배어들었기 때문이기도 합니다.

다만 카레 보관에는 주의가 필요합니다. 사람이나 동물의 장에 흔히 있는 식중독을 일으키는 웰치균이 증식할 위험이 있습니다. 웰치균은 열에 강해서 카레를 다시 팔팔 끓여도 살아남습니다. 공기가 없는 곳에서 번식하는 세균(혐기성세균)이므로 카레 냄비 속은 균의 번식에 딱 알맞은 곳인 셈이지요. 가장 번식하기 쉬운 온도는 43~45℃입니다. 웰치균은 무미무취하기에 증식해도 알아차릴 수 없습니다. 그러니 여름철에 카레는 꼭 냉장고에 보관합시다.

가정에서 실험할 때 주의할 사항

이 책의 앞머리에서도 이야기했지만 '가정요리'와 '과학실험'에는 차이점이 있습니다. 실험에서는 '재현성'과 '결과의 검증'이 특히 중요합니다. 학교의 자유연구 과제로 실험을 실시하는 경우는 물론이거니와 SNS나 블로그에 올릴 때도 다음의 사항에 주의하면 좋을 것입니다.

(1) 계량, 계측은 정확하게!

정확하게 계량하는 것이 중요합니다. 무게라면 0.1g 단위로 표시되는 디지털 저울(104쪽 참조)을 사용해 계량하는 것이 바람직합니다. 계량스푼 등으로 계량할 때는 윗면을 평평하게 깎아 정확하게 계량합시다.

(2) 실험을 준비하려면

예컨대 우동을 만드는 실험(77쪽 참조)을 준비하면서 밀가루 종류의 차이를 알아본다고 해봅시다. 이때 박력분과 강력분을 섞어서 써보거나 박력분만 쓰는 경우를 비교하게 되지요. 여기서 바꾸어도 좋은 것은 밀가루의 종류와 비율뿐입니다. 밀가루의 전체적인 양, 첨가하는 소금과 물의 양, 반죽하는 시간과 반죽하는 방법은 반드시 동일하게 해야 합니다. 다른 조건까지 바꿔버리면 밀가루의 종류에 따른 차이인지, 다른 조건에 따른 차이인지 알 수 없게 됩니다.

(3) 예상한 결과가 나오지 않았다면

예상대로 결과가 나오지 않았을 때는 원인을 자세히 생각해봅시다. 그리고 실험의 조건을 조금씩 바꿔가며 결과를 비교해보면 바로 그것이 '연구'입니다.

우선 연구로서의 실험을 하려면 준비뿐만 아니라 실험 결과를 제대로 기록하는 작업도 중요합니다. 우선 '실험 노트'를 만듭시다. 잘 기록해서 나중에 전체를 다시 검토해볼 수 있는 것이라면 노트가 아니더라도 상관없습니다. 스마트폰이나 컴퓨터 문서 작성 프로그램도 좋습니다.

① 실험의 내용
우선 어떤 실험을 할 것인지 써두어야 합니다. 예를 들어 'ㅇㅇ 만들기'처럼 실험 내용을 간결하게 나타내면 됩니다.

② 날짜와 시각
언제 무엇을 했는지 알 수 있도록 날짜와 시각을 씁니다. 록캔디(25쪽 참조)처럼 시간이 걸리는 것은 언제 무엇을 시작했는지 기록해두는 것이 중요합니다.

③ 실험의 목적
무엇을 알아보는 것이 목적인지 씁니다. 예컨대 마요네즈 만들기(172쪽 참조) 하나만 보더라도 '기름과 물이 섞이는지 알아보는 경우'와 '어느 정도 양의 기름이 섞이는지 알아보는 경우'는 실행할 작업과 관찰하는 포인트가 달라집니다.

④ 자신의 예상
어떤 결과가 나올지 자기 나름대로 예상해봅시다.

⑤ 실험의 계획 · 실험의 방법

어떤 재료를 어떻게 써서 어떤 순서로 실험할지 씁니다. 여기서 계획을 확실히 세우는 것이 중요합니다. 재료의 양을 변화시키는 경우에는 어느 정도 변화시킬 것인지, 재료의 종류를 바꿔가며 비교하는 경우에는 어떤 재료를 쓸지 등을 실험 전에 생각해두어야 준비를 할 수 있겠지요.

실제 실험에서는 무게와 시간을 반드시 재고, 만약 계획과 차이가 발생했다면 반드시 달라진 수치를 써놓습니다. 실험에서 중요한 것은 '재현성'입니다. 요리에서도 재료의 무게를 수치화하면 맛을 재현하기 쉬워집니다.

⑥ 실험 결과

어떤 실험이었는지 문장으로 기술하고 동시에 사진도 찍어두면 한눈에 상황이 전달됩니다. 실패했더라도 사실대로 쓰고 사진도 찍읍시다. 실험은 1회에 끝내지 말고 여러 번 해보면서 같은 결과가 나오는지 확인하는 것이 이상적입니다.

⑦ 고찰

어째서 이런 결과가 나왔는지 써봅시다. 책에서 알아본 지식을 바탕으로 스스로의 생각을 말할 수 있어야 합니다.

⑧ 참고한 책

실험 전후나 고찰 단계에서 참고한 책이 있다면 써둡시다. 인터넷에서 조사했다면 URL을 메모해둡니다.

실험 노트를 채워가며 노트에 쓰인 내용을 누군가에게 말해주고 싶다면 리포트나 모조지에 정리해봅시다.

이때는 아래의 두 가지 점을 가장 처음에 씁니다.

● 제목

실험 노트에 쓴 '실험의 내용'과는 달리, 다른 사람에게 자신이 했던 것을 말하기 위한 제목입니다. 제목을 본 사람이 '어떤 내용일까? 재밌겠는데?' 하고 생각할 만한 표현을 생각해봅시다. 서점에 진열된 책과 신문, 뉴스 사이트의 기사를 볼 때도 우리는 일단 제목만 보고 읽을지 말지를 정한다는 것을 염두에 둡시다. 예컨대 '마요네즈 만들기'가 아니라 '섞이지 않는 물과 기름을 친해지게 만드는 노른자의 힘'처럼 의인화하는 표현법도 좋습니다.

● 계기

과학자들의 연구논문에는 필요 없는 것이지만 자유연구와 블로그 등에는 '왜 이 실험을 하려고 했나?' 하는 계기를 쓰면 좋습니다. "저는 마요네즈를 좋아합니다. 그래서 마요네즈를 어떻게 만드는지 알아보고 싶었습니다"와 같은 내용도 괜찮습니다.

자유연구 과제로 학교에 제출할 때는 A4지 한 장으로 정리하는 경우가 많을 것입니다. 학교에서 작성법을 제한하지 않았다면 컴퓨터를 활용하는 것도 방법입니다. 제 아이들은 초등학교 고학년 때 제목, 항목명, 그래프, 표는 손으로 쓰고 그 밖의 내용은 컴퓨터로 작성해 인쇄한 것을 A4지에 붙이는 식으로 만들었습니다. 글씨를 쓰는 것을 힘들어하는 아이라면 이 방법이 시도하기 수월하고, 전체를 손으로 쓰는 것보다 수정하기도 편합니다. 정리하는 데 정해진 방법은 없습니다.

나가는 말

 최근 10년간 세계는 급격하게 변했습니다. 저의 전작 『가족이 함께 즐기는 재미있는 과학실험』은 약 10년 전인 2008년에 출간되었습니다. 마침 일본에서 최초로 아이폰이 발매될 무렵이었지요. 현재 일본의 스마트폰 보급률은 70%를 넘어선 것으로 알려져 있습니다. 이제 '모르는 것은 언제 어디서든 검색해보면 되는' 시대가 되었습니다.

 2008년 당시, 모든 것에 끊임없이 "왜?" 하고 묻던 어린이집 원아였던 제 아이들은 지금 중학교 1학년, 초등학교 6학년이 되었습니다. 그리고 이제는 저는 모르는데 아이들은 알고 있는 것들이 늘어났습니다. 전작을 쓸 때는 "내가 도와줄게!"라고 하면서 실험 진행을 방해만 하더니 이번 책에서는 사진을 찍을 때 든든한 조수 역할을 해주었지요. 고맙다, 얘들아.

 저 스스로도 전작을 쓸 때와는 하는 일이 크게 바뀌었습니다. 현재 저는 쓰쿠바대학에서 수리능력이 뛰어난 학생들을 지원하는 일을 하고 있습니다. 2008년도부터 일본 문부과학성은 수리능력이 뛰어난 아동과 학생 개인의 학업을 대학 차원에서 지원하는 사업을 지속적으로 실시하고 있습니다. 말하자면 일반적인 학교 교육만으로는 성이 차지 않는 아이들이지요. 자유연구 과제를 할 때도 중고등학교 이과계열 선생님들의 역량으로는 힘이 부치는 아이들이 있습니다. 과학 전문가들은 이처럼 '붕 떠버린' 학생들을 지도할 수 있습니다.

이렇게 수백 명에 달하는 학생들의 공부를 돕고 저 자신도 아이를 키우면서, 현시점의 일본의 교육제도 아래에서는 아이들이 시행착오를 겪어볼 기회가 적다는 사실이 마음에 걸렸습니다. 학교에서 해보는 실험은 결과를 이미 알고 있는 것인 경우가 많고, 결과가 어떻게 나올지 모르는 실험을 하는 경우는 거의 없습니다.

그러나 사회인이 되면 정답을 알고 있는 상태로 어떤 일을 하는 경우는 없습니다. 성공할지 실패할지 알 수 없고, 심지어 방법을 모르는데도 스스로 생각할 줄 알아야 합니다. 그런데도 고등학교를 졸업할 때까지, 혹은 대학생이 된 후에도 시행착오를 겪는 학습은 거의 없는 실정입니다. 연습해본 적도 없는데 갑자기 실전에 뛰어드는 것은 매우 어려운 일입니다.

아이들뿐만 아니라 어른이 되어도 시행착오를 해볼 수 있는 기회는 적은 듯합니다. 이 책에 실린 실험에 독자 여러분이 저마다 나름 도전해보고 시행착오를 겪으며 그것이 '나만의 발견'으로 이어질 수 있다면 더할 나위 없이 기쁘겠습니다.

마지막으로, 기획부터 사진 촬영 시의 플레이팅까지 너무나 고생하신 SB 크레에이티브의 다노우에 리카코 씨, 저희 집에서 찍었다고는 보기 힘들 만큼 멋진 사진을 찍어주신 사진작가 가가와 나오 씨께 감사를 전합니다.

참고문헌

도요미츠 미오코 감수, 구와야마 게이토 그림, 『레시피보다 중요한 100가지 요리 비결』, 상크추어리출판, 2015.

로버트 월크, 하퍼 야스코 옮김, 『아인슈타인이 요리사에게 들려준 이야기』, 락코샤, 2012.

비키 코브, 테드 카펜터 그림, 『당신이 먹을 수 있는 과학실험』, 하퍼콜린스, 2016.

사토 히데미, 『맛을 만드는 '열'의 과학』, 시바타쇼텐, 2007.

샐리, 『'맛있다'를 과학해 레시피로 만들었습니다』, 선마커스출판, 2013.

스기타 고이치, 『신장판 '요령'의 과학』, 시바타쇼텐, 2006.

앤디 브루닝, 다카하시 유이·나쓰가리 히데아키 옮김, 『바삭바삭 베이컨은 왜 맛있는 냄새가 날까?』, 화학동인, 2016.

오구라 아키히코, 『알고 먹으면 더 맛있는 요리생물학』, 오사카대학출판회, 2011.

우에노 사토시, 『초콜릿은 왜 맛있는 걸까』, 슈에이샤, 2016.

이시가와 신이치, 『요리와 과학의 맛있는 만남』, 화학동인, 2014.

이케우치 마사히코·이토 모토미·하시모토 하루키 감수 및 번역, 『캠벨 생물학 원서 9판』, 마루젠출판, 2013.

잭 안드라카·매슈 리시아크, 나카자토 교코 옮김, 『세상을 바꾼 십대, 잭 안드라카 이야기』, 고단샤, 2015.

제프 포터, 미즈하라 분 옮김, 『괴짜를 위한 요리 제2판』, 오라일리재팬, 2016.

해럴드 맥기, 가사이 미도리 감수·옮김, 기타야마 가오루·기타야마 마사히코 옮김, 『맥기 키친 사이언스』, 교리쓰출판, 2008.

호소노 아키요시·스즈키 아쓰시, 『축산가공』, 아사쿠라쇼텐, 1989.

참고논문

메가 아야코, 미쓰하시 도미코, 후지키 스미코, 아라카와 노부히코, 「진저 프로테이스의 근원섬유 단백질에 미치는 영향」, 『가정학잡지』 34⟨2⟩, pp. 79~82, 1983.

사와야마 시게루, 가와바타 아키코, 「펙틴질의 이화학적 성질에 영향을 미치는 pH, 가열 및 첨가염의 영향」, 『일본영양·식량학회지』 42⟨6⟩, pp. 461~465, 1983.

사토 히로아키, 「감자의 가공특성에 영향을 미치는 세포분리성에 관한 연구」, 『일본식품보장과학회지』 31⟨6⟩, pp. 325~332, 2005.

아베 유테쓰, 지카오 다케오, 「미니토마토의 당도 선별기」, 『규슈농업연구』 53, p. 157, 1991.

하야시 요시미즈, 「카라기난의 특성과 이용법」, 『섬유학회지』 65⟨11⟩, pp. 412~421, 2009.

후치가미 미치코, 「펙틴질의 가열분해에 영향을 미치는 pH의 영향」, 『일본영양·식량학회지』 36⟨4⟩, pp. 294~298, 1983.

과학을 요리한다!
먹을 수 있는 31가지 과학실험

1판 1쇄 찍은날 2019년 2월 18일
1판 6쇄 펴낸날 2022년 1월 20일

지은이 | 오지마 요시미
옮긴이 | 전화윤
펴낸이 | 정종호
펴낸곳 | 청어람e

책임편집 | 김상기
마케팅 | 이주은
제작관리 | 정수진
인쇄·제본 | (주)에스제이피앤비

등록 | 1998년 12월 8일 제22-1469호
주소 | 03908 서울 마포구 월드컵북로 375, 402호
이메일 | chungaram@naver.com
전화 | 02-3143-4006~8
팩스 | 02-3143-4003

ISBN 979-11-5871-095-8 03400

청어람 e)) 는 미래세대와 함께하는 출판과 교육을 전문으로 하는 청어람미디어의 브랜드입니다.
어린이, 청소년 그리고 청년들이 현재를 돌보고 미래를 준비할 수 있도록 즐겁게 기획하고 실천합니다.